青少年科普知识枕边书

海洋知识全知道

李芙蓉◎编著

当代世界出版社
THE CONTEMPORARY WORLD PRESS

图书在版编目（CIP）数据

海洋知识全知道 / 李芙蓉编著 . –– 北京：当代世界
出版社 , 2018.3
（青少年科普知识枕边书）
ISBN 978-7-5090-1310-6

Ⅰ . ①海… Ⅱ . ①李… Ⅲ . ①海洋—青少年读物
Ⅳ . ① P7-49

中国版本图书馆 CIP 数据核字 (2018) 第 000378 号

海洋知识全知道

作　　者：李芙蓉
出版发行：当代世界出版社
地　　址：北京市复兴路 4 号（100860）
网　　址：http://www.worldpress. org. cn
编务电话：（010）83907332
发行电话：（010）83908455
　　　　　（010）83908409
　　　　　（010）83908377
　　　　　（010）83908423（邮购）
　　　　　（010）83908410（传真）

经　　销：新华书店
印　　刷：北京旭丰源印刷技术有限公司
开　　本：710mm×1000mm　1/16
印　　张：15
字　　数：210 千字
版　　次：2018 年 11 月第 1 版
印　　次：2018 年 11 月第 1 次
书　　号：ISBN 978-7-5090-1310-6
定　　价：45.00 元

前言

从太空中看我们生活的地球，是一个在深邃的天幕上闪现蓝色光辉的球体。蔚蓝色的海洋让地球成为以蓝色为底色的水晶球，展现出一幅幅清丽柔和的画卷。海洋不仅是地球的蓝色外衣，更是地球生命的生存之本。它的广阔与神秘吸引着人类的目光，并使无数人成为它孜孜不倦的探索者与痴迷者。

本书主要介绍了海洋的相关知识，从"追寻航海先驱""观摩大洋奥妙""探索海洋疑云"三个篇章入手，使青少年读者遨游在奇妙的海洋世界，与海洋近距离接触，感受海洋的神奇与魅力！

本书在第一章节精选了不同时代、不同国家的航海探险家，通过对这些航海家的传奇航海经历的介绍，带您领略这些航海家的个人魅力，了解人类在航海史上的探索进程。哥伦布的航行与发现为航海家们吹响了第一声号角，麦哲伦的环球航行使人们重新认识了地球，迪亚士的惊险之旅带领人们重温发现好望角的惊喜与感慨，郑和的七下西洋带领人们进行规模强大的外交之旅……航海家是人类与海洋接触的先驱与探索者。海洋不仅见证着人类航海事业的发展，更是海洋生物赖以生存的家园，一直在吸引着人类的好奇心，"深海打捞员"海狮，奇特的硬骨鱼海马，海洋中的美人鱼儒艮，奇妙的"海底烟囱"，"特殊的光芒"海火……这些海洋知识将在

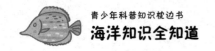
本书第二章被详尽介绍。海洋是神秘的，它还有许许多多人类未解的谜团以及无法预知的事物，这些神秘事物是否存在？它们会对人类的生活产生怎样的影响？本书的第三章将带领您一起探索海洋世界中的神奇与奥秘。

海洋与人类有着密切的关系，现代社会，人口与日俱增，资源的匮乏已经初现端倪。海洋占地球表面积的71%，是地球上的最大宝藏，是人类的巨大财富，人类对海洋的探索才刚刚起步，并在不断摸索中。海洋是孕育生命的摇篮，是人类赖以生存的生命基础，更是人类科学探索的宝库。在科学技术发展的同时，我们更应该重视海洋的保护，让人类与海洋生物健康地发展，展现和谐的魅力！

目 录

第一章　追寻航海先驱

第二章　观摩大洋奥妙

第三章　探索海洋疑云及未来发展

第一章
追寻航海先驱

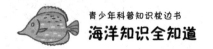

"新大陆"的开辟者哥伦布

　　克里斯托弗·哥伦布（1450？—1506）是意大利著名的航海家。当时的意大利，地圆说已经出现，他是这一学说的赞成者。为了证明这一学说，他先后向葡萄牙、西班牙、英国、法国等国的国王游说请求，资助他向西航行到达东方国家计划，但都遭到了拒绝。因为当时地圆说的理论并不完善，许多人并不相信，他们甚至把哥伦布看成江湖骗子。一次，西班牙审查委员会针对哥伦布的计划进行了审查，在会议上，一位委员问哥伦布："即使地球是圆的，向西航行就算到达了东方，可以回到出发港，那么有一段航行必然是从地球下面向上爬坡，帆船怎么能爬上来。"对此问题，口若悬河的哥伦布也顿时无法解释。当时的西方国家对东方国家财富的需求，除传统的丝绸、瓷器、茶叶外，需求最大的是香料和黄金。其中香料是欧洲人生活和饮食烹调必不可少的材料，可是当时的欧洲并不生产香料，只能从东方国家获取。这些商品主要经海、陆联运商路运输，经营这些商品的利益集团当然会极力反对哥伦布开辟新航路的计划。哥伦布为实现自己的计划，坚持不懈地进行游说。直到 1492 年，西班牙女王使哥伦布的计划得以实施。

1492 年 8 月 3 日，哥伦布进行了首次航行，哥伦布带着给印度君主和中国皇帝的国书，率领三艘帆船，从西班牙巴罗斯港起航，驶入大西洋，向西航去。但是海上的航行生活并不像人们想象的那样浪漫，而是异常枯燥。茫茫大海，水天一色，看不到一点边际。在浩瀚的大海中，人类显得异常渺小。就这样，他们向西，再向西，漂泊了一天又一天，一周又一周。一个多月后，帆船驶入了大西洋的腹地。这时，水手们开始沉不住气，躁动不安地讨论着这样可怕的航行什么时候是个头。为了减少船员们因离开陆地太远而产生的恐惧与绝望，哥伦布偷偷调整计程工具，每天都少报一些航行里数。即便是这样，船员们苦苦航行了将近两个月，仍然看不见陆地的影子，而两个月在当时被欧洲人认为是人类航海时间的极限。船员们个个都蓬头垢面，胡子拉碴，海水不停地打湿他们的衣服。因此，船员们都连声报怨，说这次远航是一次愚蠢的航行。

两个月零六天之后，船员们几近崩溃，并且说再如此航行下去，一定会发动叛乱。经过激烈争论，哥伦布向船员们提议：我们再坚持三天，三天后如果还看不见陆地，船队就返航。功夫不负有心人，就在第三天晚上，这绝望的航行终于迎来了曙光。他发现海上漂来一根芦苇，有芦苇就说明附近有陆地。一位水手爬上桅杆，惊喜地发现前面出现了点点火光。第二天，天空刚刚泛出亮光时，他们终于登上了久违的陆地。当时，哥伦布以为到达了印度。后来知道，哥伦布所以为的印度，属于现在中美洲加勒比海中的巴哈马群岛，哥伦布将其命名为圣萨尔瓦多。哥伦布此次艰难的远航探险在航海史上具有非常重大的意义。

后来，哥伦布又进行了三次航行。1493 年 9 月 25 日，他率领 17 艘船从西班牙加的斯港出发，这是第二次航行。此次航行的目的是要到他所谓的亚洲大陆印度，并在那里建立永久性殖民统治。这次航行队伍人员庞大，

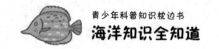

达到了 1500 人，其中有王室官员、技师、工匠和士兵等。可惜此次航行因粮食短缺等原因，大部分船员于 1494 年返回西班牙，只剩哥伦布率 3 艘航船在古巴岛和伊斯帕尼奥拉岛以南水域继续进行探索，寻找着"印度大陆"。在这次航行中，他的船队先后到达过多米尼加岛、背风群岛的安提瓜岛和维尔京群岛以及波多黎各岛，于 1496 年 6 月 11 日回到西班牙。

1498 年 5 月 30 日，哥伦布开始了第三次航行。他率船 6 艘、约 200 名船员，由西班牙塞维利亚出发。这次航行的目的是要证实在前两次航行中发现的诸岛之南有一块大陆的传说。船队于 1498 年 7 月 31 日到达南美洲北部的特立尼达岛以及委内瑞拉的帕里亚湾。这是欧洲人首次发现南美洲。可是之后，哥伦布却被控告，1500 年 10 月国王派使者逮捕了哥伦布并将其押解送回了西班牙。不过因各方人士的反对，哥伦布不久后便被释放。哥伦布第三次航行的成功在葡萄牙和西班牙引起震动，许多人认为他所到达的地方并非亚洲，而是一个欧洲人未曾到过的"新世界"。

1502 年 5 月 11 日，哥伦布进行了第四次航行。此次他率船 4 艘、船员 150 人，从加的斯港出发。这次航行的目的是寻找新大陆中间通向太平洋的水上通道。船队经过加勒比海西部，向南航行，沿洪都拉斯、尼加拉瓜、哥斯达黎加和巴拿马海岸航行了约 1500 公里。后来船队中的一艘船在同印第安人的冲突中被毁，另 3 艘也先后损坏，哥伦布于 1503 年 6 月在牙买加弃船登岸，于 1504 年 7 月返回西班牙。

哥伦布的远航开启了大航海时代，推动了世界历史发展的进程。它使海外贸易的路线由地中海转移到了大西洋沿岸。至此，西方黑暗的中世纪被打破，西班牙迅速在世界上崛起，在随后的几个世纪中逐步成为海上霸主。世界经济在发展中逐渐产生了一种全新的工业文明，并逐步成为主流。哥伦布生活的时代是 15 世纪末 16 世纪初，正是欧洲封建制度瓦解并逐步向商业资本主义发展的转变时期，他对美洲的发现顺应了欧洲资产阶级掠夺新财富、发展资本主义的时代需求。美洲的发现和殖民统治，促进了世界市场的形成，使大量金银流入欧洲，资本主义原始积累随之剧增，从而加速了欧洲封建制度的崩溃，推动了欧洲资本主义的发展。另一方面，哥伦布发现美洲以后，殖民奴役制度占据了拉丁美洲，给印第安人带来了深重的灾难。

知识链接 >>>

　　美洲对美洲原住民印第安人来说并不是新大陆，大约是在4万年前，他们是从亚洲渡过白令海峡，或者是通过冰封的海峡陆桥到达美洲的。不管是哥伦布还是其他西方人登上的美洲大陆，都不是"首先发现"，因为在他们来之前，这里不仅有几千万的居民，而且已经有亚洲人先于他们登上过美洲的土地，只是亚洲人不是为扩张势力范围和掠夺殖民地而来，而是为了寻找生活场所、躲避灾祸、文化交流或商业贸易，是一种和平的迁徙或探险，这与哥伦布和后来的西方殖民者形成了鲜明的对比。

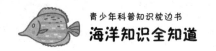

环球航行的始发者麦哲伦

麦哲伦（1480—1521）是葡萄牙著名航海家和探险家，全名费迪南德·麦哲伦，被公认为是第一个进行环球航行的人。

麦哲伦在东南亚参与殖民战争时了解到，香料群岛东面是一片大海。而且，他的朋友占星学家法力罗还计算出了香料群岛的位置。他坚信地球

是圆的，那么大海以东就应该是美洲。于是，他准备进行一次环球航行。1517年，麦哲伦离开了葡萄牙，来到了西班牙塞维利亚，提出环球航行的请求。塞维利亚的要塞司令非常欣赏他的才能和勇气，不仅答应了他的请求，还把女儿嫁给了他。1518年3月，西班牙国王查理五世接见麦哲伦，麦哲伦提出了环球航行的请求，并献给国王一个自制的精致的彩色地球仪，国王很快就答应了他。

不久，西班牙国王发布指令，由麦哲伦组织了一支船队准备出航。

1519年9月20日，麦哲伦率领5艘船组成的船队出发了。船队在大西洋中漂泊了70天，11月29日到达巴西海岸。1520年1月10日，船队发现

了一个无边无际的大海湾，船员们原以为到了美洲的尽头，终于可以顺利进入新的大洋，当他们到这片海湾进行调查后，发现那只不过是一个河口，也就是现在乌拉圭的拉普拉塔河。3月底，麦哲伦率船队驶入圣胡安港。当时正值严冬，由于天气寒冷，食物奇缺，船员情绪非常颓丧。幸运的是，麦哲伦在圣胡安港发现了许多海鸟、鱼类还有淡水，饮食问题总算得以解决。不仅如此，麦哲伦发现附近还有当地的原住居民，并以欺骗的方法逮捕了两个"大脚人"，给他们戴上脚镣手铐关在船舱里，目的是想把他们作为礼物献给西班牙国王。

经过近5个月的休整，到了8月，万物复苏，生机盎然，麦哲伦又率领船队出发了。由于有一艘船在5月份的探航中沉没，眼下只剩4艘船了。不久，船队在南纬52°处又发现了个海口。这个海峡弯弯曲曲，或窄或宽，港汊交错，波涛汹涌。麦哲伦派出一艘船去探索地形，令人气愤的是这艘船却调转船头逃回了西班牙。麦哲伦只好率领着剩下的3艘船在这片海峡中艰难摸索。麦哲伦以坚强的意志率领船队前进，在这个迷宫一样的海峡迂回航行1个月后，他们终于走出海峡西口，见到了久违的浩瀚大海，看到了生的希望。在这个激动地时刻，向来以沉着、坚定著称的麦哲伦也不禁悲喜交加，掉下了眼泪。为了纪念麦哲伦这次传奇般的探航以及那不朽的功绩，后人把这道海峡命名为"麦哲伦海峡"。现在我们打开世界地图，便可以在南美洲的南端，南纬52°的地方找到它。

1521年3月，船队抵达三个有居民的海岛，这些小岛属于马里亚纳群岛。岛上的居民十分热情，给船员们送米水和粮食，船员们对居民们的热情，也是由衷的感激。可是由于当地居民从来没有见到过如此壮观的船队，船上那些新奇的东西勾起了他们的好奇心，于是他们从船上搬走了一些物品。当船上的船员们发现他们搬东西后，便大声叫嚷起来，把他们当成了强盗，并把这个岛屿改名为"强盗岛"。当发现这些岛民偷走了系在船尾的一只救生小艇后，麦哲伦非常生气，便带领了一些武装人员登上海岸，开

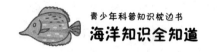
枪打死了 7 个土著人，甚至放火烧毁了几十间茅屋和几十条小船。这件事情是麦哲伦的航行史上颇为不光彩的一笔。

船队又往西航行了一段，抵达菲律宾群岛。登上岛的时候，麦哲伦和他的同伴们便完成横渡太平洋的航行，证实了美洲与亚洲之间有一片辽阔的水域存在，它的辽阔甚至超过了大西洋。哥伦布首次横渡大西洋只用了两个月零几天，而他们在天气晴好、一路顺风的情况下，横渡太平洋却用了 100 多天。

麦哲伦船队来到萨马岛附近，在一个无人居住的小岛上，麦哲伦让船员们休整，补充一些淡水，以便进行接下来的航行。几天以后，船队向西南航行，在棉兰老岛北面的小岛停泊下来。麦哲伦的一个奴仆恩里克会马来西亚语，与当地的土著人可以自如地交谈。这时，麦哲伦明白，他们离"香料群岛"已经不远了，他们快要完成人类历史上首次环球航行了。

为了推行殖民主义的统治，麦哲伦参与了附近小岛首领之间的内讧，没想到却被反抗的岛民们砍死了。情急之下，他的同伴们都撤退了，连岛民们后来怎么处理麦哲伦的尸体都不知道。

麦哲伦死后，他的同伴们继续航行。1521 年 11 月 8 日，他们到达了马鲁古群岛的蒂多雷小岛。在那里，他们以廉价的物品换取了大批香料，丁香、豆蔻、肉桂等，堆满了船舱。1522 年 5 月 20 日，这艘"维多利亚"号船绕过了非洲南端的好望角。在这段航程中，船上的船员只剩 35 人了。后来他们到了非洲西海岸外面的佛得角群岛，他们把一包丁香带上岸想换取些食物，却被准备再次去印度的葡萄牙人发现，又被捉去 13 人，仅留下 22 人。1522 年 9 月 6 日，这艘经历了漫长波折的"维多利亚"号返抵西班牙，终于完成了历史上震惊世人的首次环球航行。当"维多利亚"号船返回圣罗卡时，船上仅仅剩下 18 人了。他们极度衰弱，甚至无法辨认了。他们用数量可观的香料换取了大量金币，不仅弥补了探险队的全部耗费，而且还赚得一大笔利润。

从 1519 年 9 月到 1922 年 9 月，麦哲伦和他的船员们，历经 3 年的艰难航行与探索，终于完成人类的首次环球航行。麦哲伦虽然在航行中途去世，但是他对后世航海和科学事业作出了巨大贡献。他那坚定的信念、杰出的指挥才能以及坚持不懈的拼搏精神才是这次航行留给世人最大的启迪与财富。麦哲伦船队的环球航行，用艰难的实践证明了地球是一个球体这一说法，不论是从西往东，还是从东往西，都可以环绕地球一周回到原地。这在人类历史上，是永远不可磨灭的伟大功勋。

知识链接 >>>

　　麦哲伦海峡位于南美洲大陆南端和火地岛、克拉伦斯岛、圣伊内斯岛之间，大西洋和太平洋被分隔在海峡两边。这一海峡是由地壳断裂下陷而成，长约 563 千米，宽 3.3—32 千米。海峡两岸海岸线迂回曲折，海峡被中部的弗罗厄得角分成东西两段，西段呈西北—东南走向，中段南北走向，东段又从西南折向东北，自西至东，拐了一个直角弯。两岸陡壁耸立，海岬、岛屿密布。峡中风大多雾，潮高流急，多旋涡逆流，海上时有浮冰，不利于航行，所以这里一直是个人迹罕至的海域。巴拿马运河通航前，麦哲伦海峡是沟通大西洋和太平洋的重要航道。

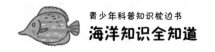

航海先驱迪亚士

巴尔托洛梅乌·缪·迪亚士（1450—1500），是一位著名的葡萄牙航海家，同时，他也是最早探险至非洲最南端好望角的航海家，他为后来另一

位葡萄牙航海探险家达·伽马开辟通往印度的新航线奠定了坚实的基础。

13世纪末，有一位名叫马可·波罗的威尼斯商人，他著有一本游记，在游记中描绘的东方富庶繁荣、遍地黄金。这本游记在当时掀起了西方人到东方寻找黄金的热潮。到了15世纪，葡萄牙和西班牙已经完成了政治统一和中央集权化，开辟到东方的新航路已经成为他们的迫切需求。迪亚士收到了葡萄牙国王约翰二世的命令，于1487年8月从葡萄牙里斯本出发，率领两艘双桅大帆船和一艘补给船，沿着欧洲西海岸一直向南航行。这些地方对迪亚士来说，是非常熟悉的，没有遇到什么麻烦。再往南，他们沿着非洲西海岸向南。在迪亚士的率领下，船队冲过了风浪区，进入了非洲大陆的西边突出处，狂风急浪再次出现。风浪中一只船不幸漏水，十分危急。情急之下迪亚士命令船员边把船内部分物品抛掉，边进行抢修，补好了漏洞。当时已经到了北纬5°附近，这里接近赤道，天气十分炎热，而他们的淡水却已经严重短缺。就在这时，迪亚士发现非洲大陆突然出现了一个拐角，形成了一个大弯度。于是在拉各斯附近，迪亚士不仅给船上补充了淡水，还用铜铃铛、玻璃珠项链向当地土著换了些食物，休整了几天后，船队继续南行。他们越向前航行，气温越高。迪亚士从地理学知识中了解过，地球上有一条赤热的条带，他们正在这里穿过赤道船队又往南不停地前进。穿过安哥拉和圣赫拿岛的海域，他们发现整个大海的颜色仿佛加深了，每日都是风雨，有时甚至狂风大作，掀起几丈高的海浪，一浪接一浪。在这无际的大海中，迪亚士的船甚是渺小，天空异常黑暗，仿佛要压下来一样；大海也是铁青的，巨浪好似无数恶魔疯狂地扑向一切，撕碎一切，吞没一切。船上的人在狂风巨浪中惶恐不已，无不胆战心惊。有人小声说："看到这种景象，我真有些相信，我们接近了大地边缘，接近了那无底深渊，接近了死亡。"迪亚士也忐忑不安地望着大海，祈祷说："我相信上帝，上帝保佑我和我的船，顺利通过这海浪区。"

他们已接近南纬30°与40°之间了，这里是非洲的最南端。再往前走，已经没什么陆地了，海水构成了一个连续不断的水带环绕地球。这个区域盛行西风，没有陆地阻挡，海水在大风的不断吹动下，充分唤醒了大海的野性能量，因而这一带水域终年保持着大浪。海风吹动下的大浪像脱缰的野马，像决堤的洪水，奔腾咆哮，掀起的巨浪有十几米高。在这样一个疯狂的海域，不要说几世纪前的小小的帆船了，就是现代的万吨巨轮，也必须小心翼翼才能通过；稍有不慎，就会人舰俱毁。

在狂风呼啸中，水手们只能放下风帆。因为他们知道，飘扬在暴风中的风帆将带来船倾人亡的危险。帆落了，尽管船队努力地向西驶去，但可怕的风暴却把落了帆的船只推向南方。整整10天过去了，风暴终于平息下来，狰狞的大海又恢复了昔日的温柔和平静。这时，迪亚士和船员们都想休整一番。根据以往的航海经验，迪亚士知道，沿非洲大陆南行时，只要向东航行就必然会停靠在海岸边。于是他下令："调转方向，向东航行！"

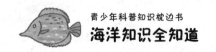

　　船队向东航行了好几天。可是他们并没有看到预料中会出现的非洲海岸线。迪亚士说："这场风暴使我们远离了非洲大陆，继续向东前进！"两艘船又向东航行了好几天，而海岸线非但没有出现，反而似乎越来越远了。

　　这究竟是怎么回事？迪亚士不由得纳闷起来。船员们茫然不知所措，船队的航行速度也减慢了。忽然，迪亚士兴奋地大叫起来："对！我们很可能已经绕过非洲的最南端了，所以越向东航行反而离大陆越远。快，调转船头，向北前进！"

　　几天后，他们果然又看见了陆地的影子，然后抵达莫塞尔湾。这时，迪亚士发现，海岸线缓缓地转向东北，向印度的方向伸去。至此，迪亚士完全确信：船队已经绕过非洲最南端，来到了印度洋。只要再继续向东航行，就一定可以到达神秘的东方。

　　迪亚士兴奋不已，很想再继续前进，但船员们已经很疲倦，强烈要求返航，而且粮食和日用品也所剩无几了。于是，他只好下令掉转船头，返回葡萄牙。返航途中，迪亚士又经过上次遇到风暴的地方——非洲大陆的南端。他给它取名叫"风暴角"。

　　1488年12月，迪亚士回到里斯本，向葡萄牙国王报告了航海过程。国王非常高兴，可又觉得"风暴角"这个名字不太吉利，于是把它改名为"好望角"，意思是绕过这个海角就有希望到达富庶的东方了。

　　今天，除去苏伊士运河，好望角已成为穿梭往返欧亚之间巨型船只的必经之地。

知识链接 >>>

　　好望角是非洲西南端非常著名的岬角，意思是"美好希望的海角"，苏伊士运河通航前，来往于亚欧之间的船舶都经过好望角。而现在，无法进入苏伊士运河的特大油轮，仍需取此道航行。好望角常被误认为是非洲大陆最南端，在其东南偏东方向、距离约150千米、隔佛尔斯湾而望的厄加勒斯角才是实至名归的非洲最南端。

开辟国际贸易的航海家达·伽马

瓦斯科·达·伽马（1460—1524）是开辟了西欧绕好望角到印度航海

线的葡萄牙航海家。这条航路的正式通航，

成为葡萄牙和欧洲其他国家在亚洲从事殖

民活动的开端。

1492年哥伦布率领的西班牙船队发现

美洲新大陆的消息传遍了西欧。在西班牙

马上就要成为"海上霸主"这一威胁下，

葡萄牙王室决心加快探索通往印度的海上

航路。葡萄牙王室将这一重大政治使命交

给了年富力强、富有冒险精神的贵族子弟

瓦斯科·达·伽马。1497年7月8日，瓦

斯科·达·伽马接受了葡萄牙国王曼努埃尔的命令，率领4艘船共计140

多名水手，由首都里斯本起航，踏上了探索印度的航程。开始时，他循着

10年前迪亚士发现好望角的航路，迂回曲折地驶向东方。水手们历尽千辛

万苦，足足航行了4500多海里，花了将近4个月时间，终于来到了与好望

角毗邻的圣赫勒拿湾，在那里看到了一片陆地。他们意识到再向前将遇到

可怕的暴风袭击，因此都不愿意再航行，纷纷要求返回里斯本。在这关键

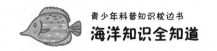
时刻，达·伽马坚持继续航行，宣称不找到印度他是绝不会罢休的。圣诞节前夕，达·伽马率领的船队终于闯出了惊涛骇浪的海域，绕过了好望角，驶进了西印度洋的非洲海岸。达·伽马来到南纬31°附近一条高耸的海岸线面前，他突然想起这一天是圣诞节，于是他便将这一带命名为纳塔尔，葡语意为"圣诞节"。

船队继续逆着强大的莫桑比克洋流北上，1498年4月1日，抵达今肯尼亚港口蒙巴萨，当地酋长认为这批西方人是他们海上贸易的对手，因此态度极为冷淡。达·伽马船队于4月14日来到了马林迪港口抛锚停泊，还受到马林迪酋长的热情接待，他还为达·伽马率领的船队提供一名理想的导航者，即著名的阿拉伯航海家艾哈迈镕·伊本·马吉德。在经验丰富的领航员马吉德的导航下，达·伽马率领的船队，于4月24日从马林迪起航，顺着印度洋的季风，一帆风顺地横渡了浩瀚的印度洋，并于5月20日到达印度南部大商港卡利卡特。而该港口正好是半个多世纪以前中国著名航海家郑和率领的船队经过和停泊的地方。同年8月29日，达·伽马带着香料、肉桂和五六个印度人返航，在途中又经过马林迪，并在此建立了一座纪念碑，这座纪念碑至今还矗立在那里。1499年9月，达·伽马带着剩下一半的船员胜利地回到了里斯本。

1502年2月，瓦斯科·达·伽马再度率领船队进行了第二次赴印度探险，此次航行的目的是建立葡萄牙在印度洋上的海上霸权地位。船队途经基尔瓦时，达·伽马把该国埃米尔（贵族头衔，酋长）扣押到自己的船上，威胁埃米尔臣服葡萄牙，并向葡萄牙国王进贡。船队在坎纳诺尔附近海面上，达·伽马捕俘了一艘阿拉伯商船，甚至将船上几百名乘客全部烧死。为了削弱和打击阿拉伯商人在印度半岛上的利益，达·迦马下令卡利卡特城统治者驱逐该地阿拉伯人，随后，又在附近海域的一次战斗中击溃了阿拉伯船队。

1503年2月，达·伽马带着从印度西南海岸掠夺来的大量价值昂贵的香料，在印度洋的东北季风下，率领 13 艘船返航，于同年 10 月回到了里斯本。据说，达·伽马此次航行掠夺来的东方珍品包括香料、丝绸、宝石等，其所得纯利超过第二次航行总费用的 60 倍以上。

当达·伽马完成了第二次远航印度的使命后，得到了葡萄牙国王的额外赏赐，于 1519 年受封为伯爵。1524 年，他被任命为印度副王。同年 4 月以葡属印度总督身份第三次赴印度，然而，此时他已年老体衰，在到达果阿不久后就得了疾病，于 12 月死于卡利卡特。他被火化后埋在印度的圣弗郎西斯教堂，1539 年才被运回葡萄牙，重葬在维第格拉。

后世史家认为达·伽马是继航海家亨利之后唯一成功开拓葡萄牙海上贸易的探险家，他不仅连通了非洲与亚洲的航线，还利用他政治上的智慧帮助葡萄牙取得海上贸易霸主的地位，为欧洲进行殖民掠夺扩张开辟了新时代，但同时也为东方国家带来了灾难。

知识链接 >>>

东印度群岛，亦称香料群岛，是公元 15 世纪前后欧洲国家对东南亚盛产香料的岛屿的泛名。它说明了当时欧洲人对东方香料的渴求，这也是导致大航海时代的一个直接原因。东印度群岛介于亚洲大陆（东南）和澳大利亚（西北）之间，沿赤道伸展 6100 公里以上的宽阔地带。包括婆罗洲、西里伯斯、爪哇、新几内亚及苏门答腊几座主要岛屿。历史上，"东印度"的地域概念比较松散，既适用于印度尼西亚共和国（前荷属东印度），也可包括马来群岛，亦可延伸到整个东南亚和印度。

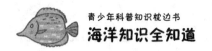
"海上魔王"德雷克

弗朗西斯·德雷克（1541—1596）出生于英国德文郡一个贫苦农民的家中，他一生中充满传奇，从学徒到水手，最后成为商船船长。

1567年德雷克进行了第一次探险航行，他从英国出发，横越大西洋，到达加勒比海。1568年，德雷克和他的表兄约翰·霍金斯带领5艘贩奴船继续前行，驶向墨西哥，在这里他们遭到风暴袭击，船只受到严重损坏。刚开始，西班牙总督同意他们进港修理船只，但在几天后突然下令攻击，将英国船员全部处死，仅有德雷克和霍金斯逃离虎口，捡回了自己的命。德雷克实在想不明白为什么西班牙要屠杀其他国家的商人，更想不通的是为什么新大陆的财富只有西班牙才能享受。在这之后他对西班牙便怀恨在心，发誓在他有生之年一定要向西班牙复仇。

1569年，德雷克开始了第二次探险航行，从加勒比海再往前航行，到达了中美洲。1572年，德雷克召集了一批人乘着小船偷偷躲进了巴拿马地峡，与之前的探险家一样，横穿过美洲大陆，第一次见到了浩瀚的太平洋。

他们在南美丛林里蹲守了近一个月，抢劫了运送黄金途中的骡队，又抢夺了几艘西班牙大帆船，成功返回英国，成为当地人心中的英雄。这次行动对德雷克的意义非常重大，他不仅获得了黄金，更重要的是德雷克证明了西班牙人并不是不可侵犯的，因此，他受到女王的召见，并很快成为女王的亲信。

1577年，德雷克乘着旗舰"金鹿"号再次从英国出发，直奔美洲沿岸，一路打劫西班牙商船，西班牙人做梦也不会想到，竟然有人敢在"自家后院胡闹"，当他们派出军舰追击时，德雷克早已逃往南方。但由于西班牙的封锁，他无法通过狭窄的麦哲伦海峡，更不幸的是在一次猛烈的风暴中，"金鹿"号同船队其他伙伴失散了，被向南吹远了5°之多，可正因为如此，他们来到了西班牙人也未曾到过的地方，德雷克被这意外的发现惊呆了，他很高兴地向大家宣布："传说中的南方大陆是不存在的，即使存在，也一定是在南方更寒冷的地方。"直到今天我们还称这片广阔的水域为"德雷克海峡"，之后德雷克一直向西横渡了太平洋。

1579年7月23日，德雷克到达马里亚纳群岛，8月22日穿过北回归线，9月26日他回到了阔别已久的朴次茅斯港，再次成为"民众的英雄"。这次航行是继麦哲伦之后的第二次环球航行，但德雷克却是第一个自始至终全程指挥环球航行的船长，德雷克不仅带回了大量的黄金白银上交女王，更重要的是德雷克为英国开辟了一条新航路。

1587年，英国女王伊丽莎白处死了倒向西班牙的苏格兰女王玛丽，于是，西班牙对英宣战，德雷克带领着25只海盗船沿着西班牙的海岸，开始"外科手术式的清洗"。在加的斯港外，他率领船队击沉了36艘西班牙补给舰，还击沉了33艘西班牙船只。5月15日，德雷克船队突袭了里斯本附近的舶锚地，在混乱中千百艘船只相撞沉没，损失无以估量。接着，德雷克的船队又攻占了圣维森特角要塞，扼住了地中海的咽喉。在回国的路上，他又打劫了西班牙国王菲利普二世的私人运宝船，抢到了价值11万英镑的

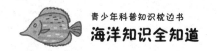

财富。这一系列的行动，使西班牙和英国的战争至少延后了一年，从而也为英国争取到了宝贵的时间。

1588年5月20日，西班牙组织了无敌舰队，这只舰队由10个支队、130艘舰船组成。庞大的舰队从里斯本起航，7月19日，开始在英吉利海峡布阵。英国方面有34艘皇家海军战舰，还有私人船舰60艘，由30艘战舰组成的"德雷克支队"成为前锋。德雷克的表兄海盗船长霍金斯也赶来帮忙，两人准备一起为当年死于墨西哥湾的同伴们报仇。英国的总指挥是霍华德勋爵，西班牙方面则是米地拉公爵领军，但此时的西班牙战舰仍旧是以老式的楼船为主，而英国战舰多为船身轻便的快帆船，除了水手外，不带任何步兵，这种船灵活轻便，更方便转向和突进，用德雷克的话说："海上的事要由船来解决，和步兵没有关系。"在火力配备上，英国人有轻型的长炮布置在两舷，德雷克所发明的"纵队战术"在战斗中被采用，即让舰船首尾相接的排列，用舷炮轰击。

7月22日凌晨英国舰队借着顺风，以"一条单长线"的队形楔入西班牙舰队，由于他们拥有先进的战术和灵活的机动性，结果没有一艘船被西班牙舰队抢占，到7月25日时，西班牙已经损失了十分之一的舰船，而英国方面则汇合了西莫尔勋爵的援军，使舰船总数达到136艘。7月28日晚，在德雷克等人的建议下，总指挥霍华德下令采取古老的火船战术，西班牙舰队阵脚大乱，无法保持队形，英舰趁机突击。从7月29日上午9时到下午6时，双方舰队在没有编队的情况下，互相混杂，三五成群地对射，一直打到双方炮弹用尽时才被迫停止。

西班牙损失了近一半的船只，死伤了1400人，英军则一船未沉且死伤不足百人，这便是史上著名的英西大海战。自此以后，西班牙一蹶不振，英国逐渐取而代之成为海上霸主，而德雷克则被封为英格兰勋爵，到达了他人生的最高峰。

德雷克的三次航海不仅极大地促进了英国航海业的发展，同时，他所发现的宽阔的德雷克海峡，成为航海探险史上的重要发现。德雷克因此也成为海战史上让敌人闻风丧胆的海战专家，可谓是当之无愧的"海上魔王"。

知识链接 >>>

　　德雷克海峡位于南美洲最南端和南极洲南设得兰群岛之间，紧邻智利和阿根廷两国，是大西洋和太平洋在南部相互沟通的重要海峡，也是南美洲和南极洲的分界。德雷克海峡是以其发现者——16世纪英国私掠船船长弗朗西斯·德雷克的名字命名，虽然德雷克本人最后并没有航经该海峡，而选择较平静的麦哲伦海峡。在1914年巴拿马运河通航以前，德雷克海峡对19世纪末20世纪初的贸易起过重要作用。由于巨型油轮的出现和巴拿马运河的日益拥挤，德雷克海峡有可能再度成为重要航道。

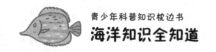

开启加拿大大门的航海人卡蒂埃

几百年来，探险家们不断探索，一直试图寻找到一条沿北美洲北部海岸从欧洲到达亚洲的捷径，这条捷径通常被称为西北航道。法国探险家雅克·卡蒂埃便是最先勘查西北航道的航海家之一。

雅克·卡蒂埃1491年出生于法国圣马洛，是著名的探险家、航海家。当时，西北欧的国家在西班牙与葡萄牙航海所带来的丰厚利润刺激下，曾试图开辟大西洋北部通往中国的航线——西北航道。卡蒂埃同当时很多的探险家一样，希望找到一条从欧洲到东方的新航线。卡蒂埃在参加1523年的远航后，从中汲取了丰富的航海经验。由于西班牙在美洲获得大量黄金，雅克·卡蒂埃对法国国王进行了游说，并获得国王给予的资助。1534年4月，雅克·卡蒂埃开始了他人生中的第一次航行，他率领61人乘一艘大帆船，从家乡布列塔尼地区的圣马洛港出发向北方探险，目的便是勘探通往亚洲的航道。在海上航行了3周后，他们顺利到达了加拿大东海岸的圣劳伦斯湾嘉比茜—马德兰岛。在圣劳伦斯湾，他们发现成群结队的海豹和海象，在附近纽芬兰岛海域还有大量的鳕鱼，这便是早年由约翰·卡波特发现的纽芬兰渔场。另外，这里还有十分肥沃的土壤。由于没能找到一条通往中国的水道，9月份，卡蒂埃返回了法国。尽管没有找到西北航道，在美洲时，卡蒂埃采取了欧洲探险家们惯用的手段，绑架了当地酋长的两个儿子，酋长终于同意他们可以用欧洲货物进行贸易。

1535年5月，卡蒂埃再次启程。他溯圣劳伦斯河而上，到达现今的魁北克市。1536年的冬天，卡蒂埃航行于圣劳伦河上，船上103名水手中有100人患上了坏血病，25人濒于死亡。他们从印第安土著那里听说，喝浸泡过松树叶的水可以治疗坏血病，水手们采用了这一办法，治愈了坏血病。回到法国后，卡蒂埃吹嘘加拿大拥有丰富的黄金、白银和香料，再次说服法国国王派遣新的探险队。1541年，卡蒂埃率领5艘帆船，搭载着法国移民，前往北美大陆建立殖民地，再次来到蒙特利尔。霍切里加村的印第安人告诉卡蒂埃，在萨格奈河流域富藏着宝贵的矿物。卡蒂埃找到了这个地方，并于1542年随身携带了满满一筐的"黄金和宝石"返回法国。经法国珠宝商鉴定，被卡蒂埃视为钻石的宝物只是铜、黄铁和云母矿石而已。从此，卡蒂埃名声扫地，成为人们的笑料，"像加拿大钻石一样虚假"成为法国的知名典故。这次探险的失败，使法国失去了前往海外开拓的兴趣长达半个世纪之久。

雅克·卡蒂埃在法国国王弗朗索瓦一世的资助下一共进行了三次航行，既未能开辟通往东方的西北航道，又未能发现黄金，失败了的雅克·卡蒂埃只能黯然返回家乡。尽管他的探索成果令法国人感到万分失望，但成功地为欧洲人开启了加拿大的大门，以后的数百年间加拿大向欧洲输入了大量的皮毛，他对圣劳伦斯河流域进行的考察也为新法兰西的建立奠定了基础。从这个意义上说，他的航海是成功的。

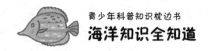

知识链接 >>>

　　蒙特利尔是加拿大魁北克省西南部的一座城市，主要位于圣劳伦斯河中的蒙特利尔岛及周边小岛上。蒙特利尔一词来源于中古法语，意思为"皇家山"。雅克·卡蒂埃为了寻找北方航道，溯圣劳伦斯河而上，到达了印第安人的村庄霍切里加。卡蒂埃登上附近的一座山，看到了河上游的一些令人生畏的急流，这将会阻止小船继续前行，于是又返回了法国。雅克·卡蒂埃将他在霍切里加村附近登上的山，命名为蒙特利尔。后来，蒙特利尔这个名字又转给了法国定居者于1642年建立的城市。

低调的航海探险家白令

维图斯·白令（1681—1741），原籍丹麦，1704 年起在俄国海军服役，
由于他才能出众、效忠沙皇而深受彼得
大帝的赏识。

在 17 世纪和 18 世纪之交的 30 年中，
赫赫有名的俄国彼得大帝吸收了西欧的
科技和文化，雷厉风行地对国家实行一
系列改革，使俄国逐步富强起来。同时
彼得大帝疯狂地推行扩张政策，企图打
通到北美、中国和日本等国的航路，进
入世界的各个海洋。

1724 年，彼得大帝决定组建一支航海探险队开赴北太平洋，探测亚洲
大陆和北美大陆之间的海岸。这个重大的任务落到了海军准将白令的肩上。
白令接受任务后，废寝忘食地起草探险计划，组建了俄国历史上第一支航
海舰队。由于当时北方海路还没开通，白令率领的探险队要先从彼得堡
（今圣彼得堡）出发，横跨欧亚大陆，到达 7000 千米以外的鄂霍茨克。

1725 年春天，白令率领由 70 多人组成的探险队，踏上了艰难的征途。
一路上翻山越岭，涉水渡河，风餐露宿，不知经历了多少艰难险阻。在长

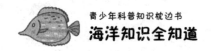

途跋涉中，有的人倒在了漫天风雪中再也没有起来；也有的人不堪忍受艰苦，偷偷地逃走了。特别是在最后的500多千米路程中，由于粮食快吃光了，探险队不得不杀马充饥。1727年，探险队终于到达了鄂霍茨克，随后又乘船渡过鄂霍茨克海，来到堪察加半岛东部的彼得罗巴甫洛夫斯克。1728年，白令指挥着探险队自己设计制造的"圣加夫利拉"号探险船驶离港口，沿着堪察加半岛海岸向北挺进。8月的一天，"圣加夫利拉"号穿过风雨和浓雾，来到亚洲大陆最东端附近的海面。从这里向东望去，只见大海烟波浩渺、汪洋一片，白令因此确信北美洲和亚洲之间是被水隔开的。这时全船人员沸腾起来，大家互相拥抱，祝贺这个伟大的发现。遗憾的是，由于那天大雾弥漫，白令没有看到对面的北美洲，因此它也不知道探险队正位于一个狭窄的海峡中。这个海峡的最窄处只有35千米，如果天气晴朗，两岸可以遥遥相望。结果，近在咫尺的美洲大陆就这样从他们的眼皮底下溜掉了。

1730年，白令结束了第一次探险活动，回到了彼得堡。然而海军部的官员不相信白令的探险成果，他们质问白令，为什么不继续向西北航行，去寻找亚洲和美洲大陆之间可能存在的陆桥呢？俄国科学院的一些学者也武断地说，在堪察加半岛外面还有一块大陆，以此来贬低白令的功绩。这些无理的指责更加坚定了白令再次探险的决心。

1733年，他率领庞大的探险队，再一次横跨欧亚大陆到达堪察加半岛，然后于1741年乘船北上。7月中旬的一天，天气晴朗，阳光普照。船队通过海峡时，白令站在船头，他看到了海峡对岸的北美大陆，看到了海拔5000多米的圣厄来阿斯山，它那白雪皑皑的山顶在阳光下闪烁着耀眼的光芒。探险船停泊在一个小岛旁，一位博物学家登上岸，在考察中发现了一种鸟类，和生活在美洲东部的鸟很相似。另外他们还发现了当地的土著民族。这些发现都确凿地证明，探险队此刻正站在北美洲的土地上，海峡的存在是毫无疑问了。

在返航途中，白令不幸得了病。他四肢无力、牙根浮脓肿，并且开始糜烂出血。在18世纪，这种疾病对远洋海员的生命是极大的威胁。由于病因不清楚，很难救治。11月初，探险船在狂风巨浪中触礁，无法继续航行了，只得在荒无人烟的小岛上停留下来。这一年的12月8日早晨，心力交瘁的白令死在了这个小岛上，剩下的船员于第二年返回。

　　白令是一位卓有贡献的航海探险家。尽管他的探险活动和沙皇俄国的扩张政策紧密联系在一起，但他为人类认识北美洲而作出的贡献，还是应该充分肯定的。但历史对白令的记载却极少，他堪称极为低调的航海探险者。后人为了纪念他，把他去世所在的那个小岛命名为白令岛，把他发现的海峡取名为白令海峡，把阿留申群岛以北、白令海峡以南的海域命名为白令海。

知识链接 >>>

　　白令海峡位于亚洲东北端楚科奇半岛和北美洲西北端阿拉斯加半岛之间，北连楚科奇海，南接白令海。白令海峡是连接太平洋和北冰洋的水上通道，也是两大洲——亚洲和北美洲、两个国家——俄罗斯和美国的分界线。国际日期变更线也从白令海峡的中央通过。据考证，1万年前白令海峡曾是连接亚、美大陆的一座"陆桥"。人类和许多动植物，曾通过这里移居到美洲，而美洲的动物也从这里到亚洲"串门"。

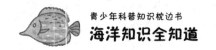
航海探险中的百科船长库克

詹姆斯·库克（1728—1779）船长，英国探险家及航海家，他因为进行了三次探险航行而闻名于世。他还被认为在通过改善船员的饮食——包括增加水果和蔬菜等来预防长期航行中出现的坏血病方面也有所贡献。他探索了太平洋沿岸的海岸线，也是地图制作者、经度仪航海测定船位的发明者。据记载，詹姆斯·库克是最早发现南半球的新西兰、澳大利亚的英国人；今日新西兰北岛和南岛间的库克海峡，就以他的名字命名；南太平洋中也有一个群岛以他的名字命名为库克群岛；他也是最早发现夏威夷群岛的欧洲人。1760年代，

库克开始他长达20年的远征，在他三次远航中，随行的画家约翰·维伯和威廉·霍奇为后人留下了不少的珍贵航海绘图记录。

1768年8月26日，库克率领"奋进"号起航，去调查太平洋中维纳斯航道并考察该海区的新岛屿。伴随他的有一名天文学家、两名植物学家和一名擅长博物学的画家。他的第一次远征要带领"奋进"号在浩瀚数千千米的广阔海洋上航行，寻找一块方圆只有30千米的陆地。而当时他们没有

如今天的全球定位系统（GPS）导航设备，甚至连块精确的手表都没有。而在航行途中，危险的暴风雨会在毫无征兆的情况下忽然出现，一些未知的生命体也在海洋深处潜藏着。但库克知道，这种冒险还是值得的，因为这次出航不仅能寻找大陆，还将观测难得一见的金星凌日。他们的任务是在1769年前到达塔希提岛，并落户于岛上，建立一个天文台，观测金星凌日现象，希望通过金星凌日的观测计算出太阳系的规模。正是为了实现这一科学愿望，英国皇家学院为库克此行提供了经费。

在18世纪，一些船只通常有一半船员死于坏血病。"奋进"号装载了各种各样用于实验的食品，库克强迫船员吃泡菜和麦芽汁等食物。如果有谁拒绝吃，就会遭到鞭打。在1769年到达塔希提岛时，库克他们已经向西连续航行了8个月。当"奋进"号航行到合恩角时，已经有5名船员失去了生命，在随后的太平洋航行中另一名绝望的水手又跳海自杀。由于"奋进"号一路向塔希提岛航行，因此极易受到风暴的袭击。那时，"奋进"号没有任何"控制中心"可联系，更没有提前警告风暴来临的卫星气象图像，航行途中可谓是危险重重。不过库克独出心裁，他用沙漏导航，用打结的绳索测算"奋进"号的速度，用六分仪和年历，再通过观察星星估计"奋进"号的位置。

在1769年6月3日，金星凌日现象最终出现那一天，他们用从英国带来的特殊望远镜，观测到金星成了一个小黑点，在炫目的太阳盘面上慢慢穿过，库克是这样描述的："那天可以说是天遂人愿，晴空万里，非常适宜观测。我们具备了我们所希望的观测金星凌日整个过程的所有优势：我们能非常清楚地看到金星周围的大气或朦胧的阴影，但这也干扰了我们看到金星与太阳接触的精确时间。"来自英国皇家海军的密令命令他在观测完金星凌日后马上离开塔希提岛，在塔希提岛和新西兰之间寻找可能存在的大陆或大片土地。

在第二年的大部分时间里，"奋进"号一直在南太平洋上寻找大陆。当

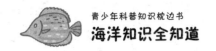
时"奋进"号上的船员已近两个月没见到陆地，就连库克也猜测可能并不存在未探明的土地或未知的"南半球陆地"。在随后的航行过程中，库克遇到了勇猛的新西兰毛利人和澳大利亚土著人，并发现了数千千米长的新西兰和澳大利亚海岸线。"奋进"号还曾与澳大利亚大堡礁相撞，差一点沉没。"奋进"号被迫在奋进河口的一处海滩进行修理，这使整个航程延误了近7个星期。维修过的"奋进"号重新出发，驶经托利斯海峡，证明了澳洲大陆和新几内亚并不相连。后来，库克一行在雅加达中途停留，雅加达人口稠密，疾病到处蔓延。结果，包括天文学家查尔斯·格林在内的，从开始便随"奋进"号航行的38人死亡，其中大多数死于在雅加达感染上的疾病。

1771年7月11日，"奋进"号返回英国港口迪尔。幸存下来的船员环游了整个地球，他们记录了数千种植物、昆虫和动物的信息，遇到好几个新的种族，而且也一直没有放弃寻找大陆的努力。这是一次史诗般的伟大航行。

一年后，库克再次从英格兰起航。他这次航行的目的是去验证"在南方还存在着一个大陆"的传言。他乘"决心"号沿着非洲海岸向南航行，另有"探险"号同行。他们到达好望角附近，开始横跨大西洋。至1773年1月，库克在大西洋上兜了一个圈子，却没有发现"南方大陆"，后来转向新西兰航行。从那里出发，他考察了新赫布里底，把复活节岛和马克萨斯群岛标进了海图，并且访问了塔希提和汤加群岛。另外，他还发现了新喀里多尼亚和帕默斯顿、诺福克及纽埃诸岛。1775年7月29日，他们成功返航回到英国。

库克第三次，也是最后一次航海，是在1776年7月12日从英格兰起航的，这次的目标是考察北太平洋和寻找绕过北美洲到大西洋的航道。绕过好望角之后，库克横渡印度洋到达新西兰，从那里又航行到塔希提岛，后来他们继续航行，在圣诞节前夜他们发现了一个岛屿，于是将这个岛屿命名为圣诞节岛。后来他继续向北航行，发现了夏威夷群岛。1778年2月他们看到了现今的俄勒冈海岸并且返回朝北航行，穿过白令海和白令海峡进入北冰洋。仅仅这一次航海旅程，库克便为北美西北岸绝大部分海岸线绘制出航海图，成为第一位为这个地区绘制地图的航海家。后来，因没有找到向东的航道而又返回夏威夷。在那里，1779年2月14日，库克被当地的土著人杀死。

与其他航海家相比，库克船长的航行极具趣味性，也更具有丰富性，他通过改善船员伙食来预防坏血病，观测到金星凌日，发现新西兰、澳大利亚，通过这些探险考察，他给人们关于大洋——特别是太平洋的地理学知识增添了新的内容。

知识链接 >>>

库克海峡位于新西兰南岛和北岛之间，海峡联通了南太平洋与塔斯曼海，是海上交通贸易的重要航道。库克海峡是近期地壳构造运动中沉陷而成，因而两侧都是峭壁悬崖，海岸线曲折。强劲的西风带激起海面的汹涌波涛，又加海峡两端的开阔海湾地形，造成海峡水流湍急多变。库克海峡因英国航海家库克曾到此考察而得名。库克真正到达新西兰的时间是1769年10月，他逆时针围着新西兰南北两岛绕行一周后，确认在这块陆地之间有一条海峡存在，后人将这条海峡命名为库克海峡。

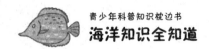

坚持不懈的高僧鉴真

鉴真（688—763），中国唐朝僧人，律宗南山宗传人，日本佛教律宗开山祖师，著名医学家。日本人民称鉴真为"天平之甍"，意为他的成就足以代表天平时代文化的屋脊。

7世纪以后，随着和中国交往的增加，日本直接向中国派遣使团和留学生，学习中国的经验。荣睿、普照是733年由日本派遣，来中国邀高僧去日本传法受戒的。他们经过10年的访察，才找到了鉴真。鉴真当时已55岁，为了弘扬佛法，传播唐代文化，欣然接受了荣睿、普照的邀请，决定东渡日本。第一次东渡日本，鉴真和弟子祥彦等21人从扬州出发，因受到官厅干涉而失败。第二次东渡他买了军船，采办了不少佛像、佛具、经书、药品、香料等，随行的弟子和技术人员达85人之多。可是船出长江口就受风击破损，不得不返航修理。第三次出海，又因在舟山海面触礁而告失败。公元744年，鉴真准备由福州出海，可是在前往温州途中被官厅追及，只好回扬州，第四次东渡又没有成功。

748年，鉴真进行第五次东渡。他从扬州出发，在舟山群岛停泊3个月后，横渡东海时遇到了台风，在海上漂流了14天后，到了海南岛南端的三亚市。在辗转返回扬州途中，弟子祥彦和日本学僧荣睿相继去世，鉴真本人也因长途跋涉，暑热染病，双目失明。但鉴真未因失明而灰心丧志，又过了5年，66岁高龄的失明老人，毅然决定再度出航。753年，他离开扬州龙兴寺，乘第二艘遣唐使船从沙洲的黄泗浦出发，直驶日本。这一次，这位夙志不变、决心东渡弘法的盲僧，终于踏上了日本的土地，在鹿儿岛县川边郡坊津町的秋目浦上陆，随行的有普照、法进和思托等人。40多天后，鉴真一行到达当时的京都奈良，轰动日本全国，受到天皇为首的举国上下的盛大欢迎。

根据圣武和孝谦的意愿，鉴真作为律宗高僧，应该负起规范日本僧众的责任，杜绝当时日本社会中普遍存在的托庇佛门以逃避劳役赋税的现象，因此，孝谦下旨："自今以后，传授戒律，一任和尚"。但是，这引起了日本本国"自誓受戒"派，尤其是兴化寺的贤璟等人的激烈反对。于是，鉴真决定与其在兴福寺公开辩论，在辩论中，鉴真做出让步，承认"自誓受戒"仍可存在，但是作为正式认可的具足戒必须要有三师七证，结果贤璟等人皆被折服，舍弃旧戒。于是鉴真在东大寺中起坛，为圣武、光明皇太后以及孝谦之下皇族和僧侣约500人受戒。

756年，鉴真被封为"大僧都"，统领日本所有僧尼，在日本建立了正规的戒律制度。然而，758年，作为鉴真最主要支持者的孝谦天皇在宫廷斗争中失势，被迫传位给淳仁天皇。相应的，鉴真也受到排挤。758年，淳仁天皇下旨，以"政事烦躁，不敢劳老"为名，解除了鉴真"大僧都"一职，并将在宫廷斗争中败死的原皇太子道祖王的官邸赐给鉴真。次年，鉴真弟子在该官邸草成一寺，淳仁赐名"唐招提寺"，鉴真从东大寺迁居至此，从此，鉴真就在寺中讲律受戒。淳仁还下旨，令日本僧人在受戒之前必须前往唐招提寺学习，使得唐招提寺成为当时日本佛教徒的最高学府。当时

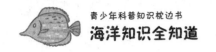
鉴真年事已高，健康每况愈下，弟子们感到有必要将鉴真奋斗一生的历史记录下来，弟子思托撰成了《鉴真和上东征传》。日本天平宝字七年（763年），为弘扬佛法奋斗了一生的鉴真，在唐招提寺面向西方端坐，安详圆寂，终年76岁。他的遗体经火化后，葬在寺后面的松林中。

鉴真东渡的主要目的是弘化佛法，传律受戒，鉴真僧众在日十余年的活动达到了这个目的。由于天皇的重视，鉴真被授予"大僧都"的职务，成为"传戒律之始祖"。"从此以来，日本律仪，渐渐严整，师师相传，遍于寰宇。"鉴真所建唐招提寺成为日本的大总寺。日本的佛经多由百济僧侣口传而来，错漏较多。鉴真在双目失明的情况下，以他惊人的记忆力，纠正日本佛经中的错漏。由于鉴真对天台宗也有相当研究，所以鉴真对天台宗在日本的传播也起了很大作用。鉴真和其弟子所开创的日本律宗也成为南都六宗之一，流传今日，尚有余晖。鉴真熟识医方明，当年光明皇太后病危之时，唯有鉴真所进药方有效验。据日本《本草医谈》记载，鉴真只需用鼻子闻，就可以辨别药草种类和真假，他又大力传播张仲景《伤寒杂病论》的知识，留有《鉴上人秘方》一卷，因此，被誉为"日本汉方医药之祖"。

知识链接 >>>

2010年9月28日，上海博物馆与日本文化厅联合主办的中日文化交流特展，日本国宝级文物——奈良东大寺木质鉴真和尚坐像，几百年来第一次回国"省亲"。在仿造日本奈良寺庙风格构建的展厅内，鉴真和尚双目紧闭，仪态端庄，面目安详；他的面容使用了木头原有的色泽，身着暗灰袈裟，整体刻画细腻。早在30多年前，1980年4月，日本奈良唐招提寺鉴真干漆像也曾回到故乡。在当时，有超过30万的扬州人争睹鉴真像。

"东方的马可·波罗"汪大渊

汪大渊（1311—?），元代航海家，西方学者称他为"东方的马可·波罗"。元顺帝至正九年（1349年）汪大渊在泉州著《岛夷志》一书，记述亲身经历的二百多个地方，是一部重要的中外交通史文献。

至顺元年（1330），他先游历了当时中国南方最大的商港，也是世界最大商港之一的泉州。看到各种肤色和操各种语言的人们，摩肩接踵；看到琳琅满目的中西物品，堆积如山；港湾里停泊着来自世界各地的大小船只，特别是那些中外商人、水手所讲的外国风情，是那样的生动、有趣。这些都深深地打动了汪大渊的好奇心，促成了他后来两度远洋航行的壮举。年仅20岁的汪大渊首次从泉州搭乘商船出海远航，历经海南岛、占城、马六甲、爪哇、苏门答腊、缅甸、印度、波斯、阿拉伯、埃及，横渡地中海到摩洛哥，再回到埃及，出红海到索马里、莫桑比克，横渡印度洋回到斯里兰卡、苏门答腊、爪哇，经大洋洲到加里曼丹、菲律宾，然后返回泉州，前后历时5年。至元三年（1337），汪大渊再次从泉州出航，历经南洋群岛、阿拉伯

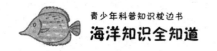

海、波斯湾、红海、地中海、非洲的莫桑比克海峡及澳大利亚各地，至元五年（1339）返回泉州。

汪大渊第二次出海回来后，应泉州地方官之请，开始整理手记，写出《岛夷志》。《岛夷志》分为100条，其中99条为其亲历，涉及国家和地区达220余个，对研究元代中西交通和海道诸国历史、地理有重要参考价值，引起世界重视。1867年以后，西方许多学者研究该书，并将其译成多种文字流传，公认其对世界历史、地理的伟大贡献。

汪大渊著《岛夷志》的态度是很严肃的，曾说书中所记"皆身所游焉，耳目所亲见，传说之事则不载焉"。为它作序的元代翰林学士承旨、著名文人张翥说："汪君焕章当冠年（即20岁），尝两附舶东西洋，所过辄采录其山川、风土、物产之诡异，居室、饮食、衣服之好尚，与夫贸易用之所宜，非亲见不书，慢信乎其可征也。"另一作序者，泉州方志主修吴鉴说："其目所及，皆为书以记之。以君传者其言必来信，故附《清源续志》（即《泉州路清源志》）之后。"后来明朝永乐年间，随郑和七下西洋的马欢说："随其（郑和）所至……历涉诸邦……目击而身履之，然后知《岛夷志》所著者不诬。"可见该书的内容是真实可靠的。

节略后的《岛夷志略》还涉及亚、非、大洋各洲的国家与地区达220多个，详细记载了各地的风土人情、物产、贸易，是不可多得的宝贵历史资料。书中记载了台湾、澎湖是我国的神圣领土，当时台湾属澎湖，澎湖属泉州晋江县，盐课、税收归晋江县。书中多处记载了华侨在海外的情况，例如泉州吴宅商人居住于古里地闷（今帝汶岛）；元朝出征爪哇部队有一部分官兵仍留在勾栏山（今阁兰岛）；在沙里八丹（今印度东岸的讷加帕蒂南），有中国人在1267年建的中国式砖塔，上刻汉字"咸淳三年八月华工"；真腊国（今柬埔寨）有唐人；泥（今加里曼丹岛坤甸）"尤敬爱唐人"；而龙牙门（今新加坡）"男女兼中国人居之"；甚至马鲁涧（今伊朗西北部的马腊格）的酋长，是中国临漳人，姓陈，等等。《岛夷志略》记载澳大利亚的见闻有两节：一、麻那里；二、罗娑斯。当时中国称澳大利亚为罗娑斯，把达尔文港一带称为麻那里，泉州商人、水手认为澳大利亚是地球最末之岛，称之为"绝岛"。

汪大渊记载当时澳大利亚人的情况：有的"男女异形，不织不衣，以鸟羽掩身，食无烟火，唯有茹毛饮血，巢居穴处而已。"有的"穿五色绡短衫，以朋加剌布为独幅裙系之。"还记载有一种灰毛、红嘴、红腿、会跳舞、身高六尺的澳大利亚鹤，"闻人拍掌，则耸翼而舞，其仪容可观，亦异物也"。他称之为"仙鹤"。又称澳大利亚一种特有的红得像火焰一样的树为"石楠树"。汪大渊还记载了澳大利亚北部某地"周围皆水"，即指今天澳大利亚达尔文港以东一大片沼泽地。所记"有如山立"，即指澳大利亚西北高峻的海岸附着很多牡蛎。还记载有澳大利亚北部海岸的安亨半岛和高达八百米的基培利台地，"奇峰磊磊，如天马奔驰，形势临海"。这些都是真实无误的。

在《岛夷志略》中详细记载澳大利亚的风土、物产的两节，应该是目前发现的关于澳大利亚最早的文字记载。可是西方学者，却不敢承认汪大渊到过澳大利亚，因为在汪大渊到澳大利亚后近两百年，欧洲人才知道世界上有这一大陆。

《岛夷志略》可以说是上承宋代周去非的《岭外代答》、赵汝适的《诸蕃志》，下接明朝马欢的《瀛涯胜览》、费信的《星搓胜览》等的重要历史地理著作，而其重要性又远远超过这些宋、明的著作。

汪大渊曾说："所过之地，窃常赋诗以记其山川、土俗、风景、物产。"《岛夷志略》中大佛山条载：他们的船到大佛山（今斯里兰卡）附近，采集到珍贵的奇异珊瑚，汪氏很兴奋，"次日作古体诗百韵，以记其实"。回到故乡后，豫章邵庵虞先生见而赋诗，"迨今留于君子堂以传玩焉"。邵庵虞先生先即当时著名文人虞集，他的书斋名邵庵，因号曰邵庵先生。诗人虞集也为汪诗所动，并赋诗唱和，可见汪大渊诗词的精湛。

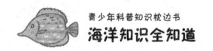
汪大渊两下西洋，游踪的广远，著述的精深，直到清代中叶以前，还是名列前茅的。可惜汪大渊除《岛夷志略》外，未见有其他著作传世。汪大渊的晚年生活也无记载可寻。但是他对世界历史地理的伟大贡献，是中外学者一致公认的。

知识链接 >>>

澳大利亚联邦，简称澳大利亚，位于南太平洋和印度洋之间，其领土面积 7692024 平方公里，四面环海，是世界上唯一国土覆盖一整个大陆的国家。拥有很多独特的动植物和自然景观的澳大利亚，是一个奉行多元文化的移民国家。澳大利亚一词，由拉丁文变化而来，原意为"南方的大陆"。欧洲人在 17 世纪发现这块大陆时，误以为是一块直通南极的陆地，故取名澳大利亚。

七下西洋的航海勇士郑和

郑和（1371—1433），原名马三保，回族人，中国明代航海家、外交家。郑和下西洋是中国和世界航海史上一个重要事件，他也被国际上公认为世界历史文化名人。

郑和七下西洋，最多时率船200多只，人员达27000多人，主要航线多达40条，总计航程16万海里，是世界古代航海史上人数最多、行动范围最广的远洋航行活动。郑和于1405年首下西洋，比哥伦布发现美洲新大陆早87年，比达·伽马经过好望角早92年，比麦哲伦环球航行早114年，他在人类文明史及世界航海史上写下了辉煌的一页。

1405年6月，郑和第一次下西洋，顺风南下，到达爪哇岛上的麻喏八歇国。爪哇古名阇婆，今印度尼西亚爪哇岛，为南洋要冲，人口稠密，物产丰富，商业发达。郑和第一次下西洋时，这个国家东王和西王打内战，郑和的船员上岸被误认为是对方的援军，有170人被误杀，无辜损失了170名将士。

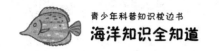

永乐五年九月十三日（1407 年 10 月 13 日）。郑和回国后，立即进行第二次远航准备，主要是送外国使节回国。这次出访所到国家有占城、渤尼（今文莱）、暹罗（今泰国）、真腊（今柬埔寨）、爪哇、满刺加、锡兰、柯枝、古里等。到锡兰时郑和船队向有关佛寺布施了金、银、丝绢、香油等。永乐七年二月初一（1409 年 2 月 15 日），郑和、王景弘立《布施锡兰山佛寺碑》，记述了所施之物。此碑现存科伦坡博物馆。郑和船队于同年夏回国。

永乐七年九月（1409 年 10 月），郑和第三次下西洋，船队从太仓刘家港起航，十一月到福建长乐太平港驻泊伺风，同年十二月从福建五虎门出洋，顺风经过 10 昼夜到达占城，后派出一支船队从占城直接驶向暹罗。郑和船队离开占城又到真腊，然后顺风到了爪哇、淡马锡（今新加坡、满刺加）。郑和在满刺加建造仓库，下西洋所需的钱粮货物，都存放在这些仓库里，以备使用。郑和船队去各国的船只，返航时都在这里聚集，装点货物，等候南风开航回国。郑和船队从满刺加开航，经阿鲁、苏门答刺、南巫里到锡兰。在锡兰，郑和又另派出一支船队到加异勒（今印度半岛南端东岸）、阿拔巴丹和甘巴里。郑和亲率船队去小葛兰、柯枝，最后抵古里，于永乐九年六月十六日（1411 年 7 月 6 日）回国。

永乐十年十一月十五日（1412 年 12 月 18 日），朝廷令郑和进行规模更大的一次远航。船队首先到达占城，后率大船队驶往爪哇、旧港、满刺加、阿鲁、苏门答腊。从这里郑和又派分船队到溜山——今马尔代夫群岛，大船队从苏门答腊驶向锡兰。在锡兰，郑和再次派分船队到加异勒，而大船队驶向古里，再由古里直航忽鲁谟斯（今伊朗波斯湾口）阿巴斯港格什姆岛。这里是东西方之间进行商业往来的重要都会。郑和船队由此起航回国，途经溜山。后来郑和船队把溜山作为横渡印度洋前往东非的中途停靠点。郑和船队于永乐十三年七月八日（1415 年 8 月 12 日）回国。这次航行郑和船队跨越印度洋到达了波斯湾。第四次下西洋人数据载有 27670 多人。

永乐十四年十二月十日（1416 年 12 月 28 日），朝廷命郑和送"十九国"使臣回国，郑和船队于永乐十五年五月（1417 年 6 月）远航。第五次下西洋首先到达占城，然后到爪哇、彭亨、旧港、满剌加、苏门答腊、南巫里、锡兰、沙里湾尼（今印度半岛南端东海岸）、柯枝、古里。船队到达锡兰时郑和派一支船队驶向溜山，然后由溜山西行到达非洲东海岸的木骨都束（今索马里摩加迪沙）、不剌哇（今索马里境内）、麻林（今肯尼亚马林迪）。大船队到古里后又分成两支，一支船队驶向阿拉伯半岛的祖法儿、阿丹和剌撒（今也门民主共和国境内），一支船队直达忽鲁谟斯。永乐十七年七月十七日（1419 年 8 月 8 日）郑和船队回国。

第六次下西洋与第五次相似，永乐十九年正月三十日（1421 年 3 月 3 日），明成祖命令郑和送十六国使臣回国。为赶东北季风，郑和率船队很快出发，到达国家及地区有占城、暹罗、忽鲁谟斯、阿丹、祖法儿、剌撒、不剌哇、木骨都束、竹步（今索马里朱巴河）、麻林、古里、柯枝、加异勒、锡兰、溜山、南巫里、苏门答剌、阿鲁、满剌加、甘巴里、幔八萨（今肯尼亚的蒙巴萨）。永乐二十年八月十八日（1422 年 9 月 3 日）郑和船队回国，随船来访的有暹罗、苏门答剌和阿丹等国使节。

宣德五年六月初九日（1430 年 6 月 29 日），明宣宗朱瞻基命郑和再次出使西洋，是郑和第七次下西洋。同年闰十二月，船队从龙湾（今南京下关）起航，两月后集结于刘家港。在刘家港，郑和等立《娄东刘家港天妃宫石刻通番事迹碑》。船队到达福建长乐太平港，在南山三峰塔寺立《天妃灵应之记》石碑。两碑都记下了他们六次出航的历程。宣德六年（1431 年）十二月，船队从五虎门出洋。这次远航经占城、爪哇的苏鲁马益、苏门答剌、古里、竹步，再向南到达非洲南端接近莫桑比克海峡，然后返航。当船队航行到古里附近时，郑和因劳累过度一病不起，于宣德八年（1433 年）四月初在印度西海岸古里逝世。郑和船队由正使太监王景弘率领返航，经苏门答腊、满剌加等地，回到太仓刘家港。同年七月初六（7 月 22 日）郑和船队到达南京。

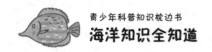
郑和下西洋的船队是一支规模庞大的船队，完全是按照海上航行和军事组织进行编成的，编制是完善的、严密的，在当时世界上堪称一支实力雄厚的海上机动编队。

郑和下西洋时间之长、规模之大、范围之广都是空前的。它不仅在航海活动上达到了当时世界航海事业的顶峰，而且对发展中国与亚洲各国家政治、经济和文化上的沟通交流做出了巨大的贡献。

知识链接 >>>

西洋，在古代是古中国人以中国为中心的一个地理概念。最早出现在五代，不同时代含义不尽相同。元明时期的西洋是指文莱以西的东南亚和印度沿岸地区，清晚期用西洋一词泛指欧美国家。

第二章
观摩大洋奥妙

可爱的"表演家"海豹

海豹是肉食性海洋动物，属哺乳动物。它们的身体呈流线型，四肢变为鳍状，适于游泳。海豹有一层厚厚的皮下脂肪，可以保暖，可以提供食物储备，还能产生浮力。海豹大部分时间栖息在海中，脱毛、繁殖时才到陆地或冰块上生活。海豹有耳壳，后肢能转向前方来支持身体。海豹的前脚较后脚短，覆有毛的鳍脚皆有指甲，指甲为五趾。耳朵变得极小或退化得只剩下两个洞，游泳时可自由开闭。游泳时大都靠后脚，但后脚不能向前弯曲，脚跟已退化，不能行走，所以当它在陆地上活动时，总是拖着累赘的后肢，将身体弯曲爬行，并在地面上留下一行扭曲痕迹。

海豹分布在北极、南极周围及温带或热带海洋中，在海滨公园的海豹池中，海豹整日游泳戏水，生动活泼，实在惹人喜爱。若加以训练，它还会表演玩球等节目。从海豹的头部看，貌似家犬。有时它爬到礁石上，这时它的动作就显得格外笨拙，善于游泳的四肢只能起支撑作用。海豹爬行的动作非常有趣，因此常带来观者的朗朗笑声。在自然条件下，海豹有时在海里游荡，有时上岸休息。上岸时多选择海水涨潮能淹没的内湾沙洲和岸边的岩礁。例如，在我国的辽宁盘山河口及山东庙岛群岛等地都屡见有大群海豹出没。海豹的游泳本领很强，速度可达每小时 27 千米，同时又善潜水，一般可潜 100 米左右，南极海域中的威德尔海豹则能潜到 600 多米深，持续四十几分钟。海豹主要捕食各种鱼类和头足类，有时也吃甲壳类。它的食量很大，一头 60—70 千克重的海豹，一天要吃 7—8 千克鱼。

知识链接 >>>

海豹除产仔、休息和换毛季节需到冰上、沙滩或岩礁上之外，其余时间都在海中游游、取食或嬉戏。目前，世界上许多国家都立法禁止商业捕杀海豹。中国的环境保护团体则将 3 月 1 日作为国际海豹日。

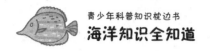

"深海打捞员"海狮

北海狮是海狮家族中最重要的成员，它又叫北太平洋海狮、斯氏海狮、海驴等，是体形最大的一种海狮，素有"海狮王"的美称。因为它们吼声如狮，有的种类雄性颈部的长毛很像狮子，所以总称为海狮类。

海狮也是一种十分聪明的海兽。经人调教之后，能表演顶球、倒立行走以及跳越距水面 1.5 米高的绳索等技艺。海狮对人类帮助最大的莫过于替人潜至海底打捞沉入海中的东西。自古以来，物品沉入海洋就意味着有去无还，随着航天技术和导弹技术的发展，从太空返回地球而又溅落于海洋里的人造卫星以及向海洋发射导弹的溅落物，需要找回来加以分析研究。然而海阔水深，在海底寻找这些溅落物十分困难。水深超过一定限度，潜水员也无能为力。可是海狮却有高超的潜水本领，完全有能力完成这项任务。

其实，早在 1987—1988 年，美军舰队为科威特油船护航期间，就出动了 6 只海豚来保护第三舰队旗舰不受伊拉克布设水雷的威胁。有意思的是，美军"雇佣"海洋动物当兵竟然是"歪打正着"的结果。原先，研究人员希望能通过研究海豚的体形来设计一种新型高速鱼雷，虽然此举最后未能成功，但研究发现，海豚那出色的"天然水下声呐定位系统"可以轻松找到各类水下目标，此后，海军就特意训练海豚来代替潜水员从事深海打捞作业了。

由于海狮水下方位感和视觉比海豚更为出色，因此逐渐在搜索水下目标，特别是扫除水雷的工作中大显身手。海狮是"高度近视"，但却可以打捞深海物品，有"深海打捞员"的美誉，这是为什么呢？原来，虽然海狮的视觉非常差，但它们的听觉和嗅觉都很灵敏，特别是它们还有一个灵敏的触觉器官——胡须。海狮胡须的根部布满了神经，不仅有很强的触觉作用，还是个高精度的声音感受器。当海狮向四周发射出声音信号后，胡须可以感受到从目标折射的回声，这样海狮就能确定目标的位置、大小和形状，准确地辨别出是什么物体。

1969 年美国海军利用海狮进行了一次代号为"快速搜寻"的综合试验。海狮在驯养方面比海豚更简单，运送货物也更容易，比而且海豚潜得更深。海狮听到沉没物体的指向标的声音后，即用头顶一下装在快艇底部的橡皮信号器，表示已收到声音信号。然后，驯兽人员把一个带尼龙绳的抓钩绑在海狮嘴上。绑好后，海狮迅速游到声音发源处。待海狮接近物体时，钩子只要一碰上物体，专门的器具便把抓钩"咔嗒"一声锁在物体外壳上，海狮借助系在抓钩上的绳子将物体拖上来。美国海军专家针对海狮嘴馋、特别喜欢吃鱼和乌贼的习性对它进行打捞训练。通过训练，海狮能朝着音响信标潜游 230 米深。音响信标发出音响信号，海狮能在 550 多米的距离内听到。给它戴上抓取设备，它便可按照人的指令下海执行打捞任务。例如，美国海军特种部队中的一头海狮，在一次执行任务中，在一分钟内将海底价值 10 万美元的火箭取了上来。现在，美海军把训练有素的"海狮兵"正式编入近海作战部队，主要在港口和码头等浅水区活动，专司潜水打捞。

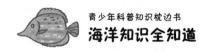
这些海狮还接受清除水雷的训练，现在它们将再次向公众展示自己在战区充当警卫的"最新本领"。

知识链接 >>>

　　海狮是聪明的海兽，以自身的优势做到了人类做不到的事情，成为人类的好朋友、好帮手。海狮是一种应用价值很高的动物，无论在科学还是军事上都占有重要的角色，但海狮也是一种濒危物种，是国家二级保护动物，我们要珍惜这样的朋友。

奇特的硬骨鱼海马

海马，海马属动物的总称，属于硬骨鱼。海马是一种奇特的动物，这种奇特表现在各个方面，海马因其头部酷似马头而得名，但有趣的是，它却是一种奇特而珍贵的近陆浅海小型鱼类，隶属海龙目海龙科海马属。它头侧扁，头每侧有两个鼻孔，头与躯干呈直角形，胸腹部凸出，由10—12块骨头环组成，尾部细长，具四棱，常呈卷曲状，全身完全由膜骨片包裹，有一无刺的背鳍，无腹鳍和尾鳍。眼可以各自独立活动。海马体型各异，长4—30厘米。

海马游泳力差，一般生活于沿岸带，在海藻或其他水生植物间，以尾部攀缠其上。游泳保持直立状态，靠各鳍推进和改变鳔中的含气量而上升或下沉。以口快速吸入小生物为食。雌鱼将卵产于雄鱼尾部的育儿囊中，雄鱼携带受精卵，直到孵化。幼鱼孵出时，雄鱼扭曲身体，将仔鱼从育儿囊的开口放出。海马属于稀奇的水族箱观赏动物，其种类有：大西洋的小海马，比别的种体小；欧洲的褐海马；太平洋产的大海马；澳大利亚的中型怀特海马。

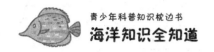

海马的习性也较特殊，它们喜欢在藻丛或海韭菜繁生的潮下带海区栖息，本性非常懒惰，常以卷曲的尾部缠附于海藻的茎枝之上，有时也倒挂于漂浮着的海藻或其他物体上，随波逐流。即使为了摄食或其他原因要暂时离开缠附物，但游了一会儿之后，会很快找到其他物体附着之上。海马的游泳姿势十分优美，身体直立水中，完全赖以背鳍和胸鳍高频率地作波状摆动（每秒钟10次左右）而缓慢地游动。海马的活动一般在白天（上午和下午），晚上则呈静止状态。海马在水质变劣、氧气不足或受敌害侵袭时，往往会收缩咽肌而发出咯咯的响声，这也是给养殖者发出"求救"的信号，但有时它们也会在摄食水面上的饵料时发声，养殖人员会加以区别。

海马是靠鳃盖和吻的伸张活动吞食食物，对饵料的种类和鲜度有一定选择性。海马的觅食视距仅为1米左右，所以养殖人员放饵料一般会投在它们经常群集处。自然海区海马以小型甲壳动物为食，主要有桡足类、蔓足类的藤壶幼体、虾类的幼体及成体、萤虾、糠虾和钩虾等。

海马可以加工制作成一种经济价值较高的名贵中药，具有强身健体、补肾壮阳、舒筋活络、消炎止痛、镇静安神、止咳平喘等药用功能，特别是对于治疗神经系统的疾病颇有效果，自古以来就受到人们的重视。

知识链接 >>>

海马的整体外形，加上没有尾鳍，使它们成为了地球上行动最慢的泳者。它们游不快，通常只像海草一样，以卷曲的尾巴紧紧勾住珊瑚的枝节、海草等，将身体固定在海底。

海洋中的美人鱼儒艮

很久以来，美人鱼一直是人们热议的话题。1962年，一艘苏联的货船在古巴外海莫名其妙地沉没了。由于船上载有核导弹，苏联派出载有科学家和军事专家（包括维诺葛雷德博士在内）的探测舰，前去搜寻这条神秘失踪的船，试图捞回核导弹。探测舰来到沉船海域，利用水下摄影机不断地巡回扫描海底。突然，有一个奇异的怪物闯入镜头：

它很像一条鱼，再看又觉得是一个在水底潜泳的小孩，头部有鳃，周身裹着密密的鳞片。当它游向摄影机时，它还用乌黑淘气的小眼睛望着摄影机，好像十分好奇。探测船上，围在荧光屏前的科学家和军事专家们都被这一幕惊呆了。为了捕捉这头怪物，科研人员把用来捕捉海底生物的一座实验水槽沉放在摄影机视场内的海床上。没过多久，这只未知怪物再次出现，当它钻进水槽准备攫取鱼食时，舰上的工作人员便迅速地把水槽吊上舰。水槽的门被打开时，一阵像海豹似的悲鸣声便传来，接着又看到一只绿色小手从槽内伸出。等到把怪物全部拉出水槽时，人们才更清楚地看到了它

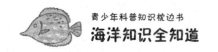

的全貌：这是一头 0.6 米长的人鱼宝宝，全身覆盖着鳞片，头部还有一道骨冠，双眼惶恐地瞪视着周围的人。在场的人有的说这就是"海底人"，但更多的人认为这就是人们一直在寻找的美人鱼。

我国的一些生物学家认为，传说中的美人鱼很可能就是一种名叫"儒艮"（俗称海牛）的海洋哺乳动物。20 世纪 70 年代初，在我国南海就曾多次发现过"美人鱼"，有的地方还把照片在展览会上展出，这有重大科学研究价值。1975 年，有关科研单位在渔民的帮助下终于捕到了罕见的"儒艮"。原来它用肺呼吸，所以每隔十几分钟就要浮出水面换气。它背上长有稀少的长毛，估计这就是目击者错认为头发的原因。儒艮胎生幼子，并以乳汁哺育，哺乳时会像人类一样用前肢拥抱幼子，母体的头和胸部露出水面，避免幼仔吸吮时呛水，这大概就是人们看到的美人鱼抱仔的镜头。

儒艮为海生草食性兽类。它的分布与水温、海流以及作为主要食品的海草分布有密切关系。一般在距海岸 20 米左右的海草丛中出没，有时会随潮水进入河口，取食后又随退潮回到海中，极少游向外海。它们以 2—3 头的家族群活动，在隐蔽条件良好的海草区底部生活，定期浮出水面呼吸。正因为这样，常被认作"美人鱼"浮出水面。

儒艮并没有美丽的外表，而且还很丑陋，它的体型极像一只巨大的纺锤，有 3 米多长，400 多千克重，身大、头小、尾巴像月牙。最难看的是它那与老鼠一样的眼睛。它的鼻孔顶在头上，耳朵无耳沿，两颗獠牙从厚嘴唇边露出，样子十分怪异。它皮色灰白，身上长着稀稀拉拉的硬刺，实在算不上美丽动人。但说它是美人鱼，是因为它在生活习性上有和人类相近的地方。儒艮的体型也确有点像女人的地方，它进化了前肢，胸鳍旁边长着一对较为丰满的乳房，其位置与人类非常相似。所以在它偶尔腾流而起，露出上半身出现在海面上时，确实有点妇人模样。它的游泳速度并不快，一般每小时两海里左右，就算遇到危险要逃跑时，也不过 5 海里。

儒艮体胖膘肥，油还可入药，肉味鲜美，皮可制革。正因为如此，它们经常遭人类杀戮,如不严加保护,它们就有灭顶之灾。因此,儒艮已被列为国家一级保护动物。

美人鱼,一个人类的美丽误会。但儒艮的出现为人类解释了这个误会,也引起了人类对它的好奇心,这样一个拥抱幼子的母亲以乳汁哺育幼子的行动为我们描绘出了美好的画卷!

知识链接 >>>

"南海有鲛人,身为鱼形,出没海上,能纺会织,哭时落泪。"这是南朝时《述异记》中对儒艮的记载。干宝的《搜神记》中也说:"南海之外有鲛人,水居如鱼,不废织绩,其眼泣则能出珠。"

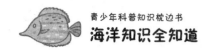
海洋中的"毒物"海蛇

海蛇，属于蛇目眼镜蛇科的一亚科。它是具有前沟牙的毒蛇，与眼镜蛇亚科相似。它的尾巴扁平，像极了船桨，躯干后部亦略侧扁。西起波斯湾东至日本，南达澳大利亚的暖水性海洋都有海蛇的影子，但大西洋中尚没有发现海蛇。它们一般长 1.5—2 米。背部深灰色，腹部黄色或橄榄色。

海蛇是一类终生生活于海水中的毒蛇。海蛇的鼻孔朝上，有瓣膜可以后闭，当吸入空气后，可关闭鼻孔潜入水下，一般不超过30 分钟。它的身体表面有鳞片包裹，鳞片下面是厚厚的皮肤，可以防止海水渗入和体液丧失。舌下的盐腺，具有排出随食物进入体内的过量盐分的机能。小海蛇体长半米，大海蛇有时可达 3 米左右。它们多数栖息于沿岸近海，特别是半咸水河口一带，以鱼类为食。

海蛇的毒液属于极强的动物毒。钩嘴海蛇毒液相当于眼镜蛇毒液毒性的两倍，是氰化钠毒性的 80 倍。海蛇毒液的成分与眼镜蛇毒的神经毒相类似，然而奇怪的是，研究人员发现它的毒液对人体损害的部位主要是随意肌，而不是神经系统。海蛇咬人并没有疼痛感，其毒性发作又有一段潜伏期，被海蛇咬伤后30分钟甚至3小时内都没有明显中毒症状，但这更加危险，容易使人麻痹大意。实际上海蛇毒被人体吸收是非常快的，中毒后最先感到的是肌肉无力、酸痛，眼睑下垂，颌部强直，与破伤风的症状相似，同时心脏和肾脏也会受到严重损伤。被咬伤的人，可能在几小时至几天内死亡。多数海蛇一般在受到骚扰时才伤人。人们一般都认为世界上最毒的动物是"毒蛇之王"——眼镜蛇，但海蛇毒性比它还要大。其中有很多事例，据记载，生活在澳洲的艾基特林海蛇被列为世界10种毒性最烈的动物之一；生活在亚洲帝汶岛的贝氏海蛇也是世界上最毒的动物。

海蛇的毒液如此厉害，那它是由什么组成的呢？据了解，通常纯海蛇毒素的LD50均小于0.10毫克/千克，如常见的青环海蛇为0.05毫克/千克，平颏海蛇为0.06毫克/千克。海蛇毒与陆地蛇毒类似，也是多种蛋白质的混合物，其中主要成分是神经毒素和各种酶蛋白。国内外对海蛇毒素的研究报告要比陆地蛇毒素少得多，但最近几年国内研究有新的突破，中山大学等建立了多个海蛇毒腺表达文库，并克隆了几十个海蛇新基因序列。重组海蛇毒素有明显抑瘤活性，有望开发成新的抗肿瘤药物。重组平颏海蛇神经毒素对小鼠化学致痛有明显的镇痛作用，其镇痛效果高于人类常用的盐酸哌替啶，在未来可能开发成新型镇痛药。

海蛇具有非常高的经济价值，它的皮可用来制作乐器和手工艺品；蛇肉和蛇蛋可以食用，味道也很鲜美；某些内脏可入药。动物实验表明青环海蛇胆具有极好的止咳、祛痰作用，对乙酰胆碱造成的气管痉挛有明显缓解作用，因此，海蛇胆与陆地蛇胆一样也可用于治疗咳嗽、哮喘等呼吸道疾病。沿海渔民常熬制海蛇油来治疗水火烫伤、冻疮、虫蚊叮咬等。日本有一种油针疗法，将海蛇脂质为主要原料制成的注射剂在身体压痛点和硬结部位注射，可以有效治疗腰痛和颌、肩等部位的疼痛。人类还将海蛇脂质制成软胶囊剂，作为保健品，以增强学习、记忆功能，预防骨质疏松。

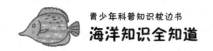
海蛇肉质柔嫩，味道鲜美，营养丰富，是一种滋补壮身的宝贵食物，常用于病后、产后体虚等症，也是老年人的滋养佳品；它还具有促进血液循环和增强新陈代谢的作用。

知识链接 >>>

海蛇的天敌有海鹰和其他肉食海鸟。它们一看见海蛇在海面上游动，疾速从空中俯冲下来，衔起一条就远走高飞。尽管海蛇凶狠，可它一旦离开了水就没有进攻能力，而且几乎完全不能自卫了。另外，有些鲨鱼也以海蛇为食。

龟中"巨人"棱皮龟

棱皮龟是世界上龟鳖类中体形最大的一种，是典型的巨龟。曾经有过这样一则新闻，温州一位渔民捕鱼时就捕到这样一只巨龟，于是他把这只巨龟放在一艘小船上，并注入海水，进行保护。村民们听说以后纷纷前来观看，只见这只龟全身黑色并有白色斑点点缀，体长竟有 1.3 米，宽约 70 厘米，重约 100 千克，最引人注目的是它背上的 7 条骨棱，由头部顺至尾部，活像一副盔甲。随后经温州绿眼睛环

保组织确认，这只被捕获的龟就是国家二级保护动物棱皮龟，在国际上被列为濒危物种。据了解，棱皮龟最大的体长可达 3 米，重近一吨。它的头部、四肢和躯体都被革质的皮肤覆盖，没有角质盾片，背甲的骨质壳由数百个大小不整齐的多边形小骨板镶嵌而成，其中最大的骨板形成 7 条规则的纵棱，因此得名，也有人叫它革龟。这些纵棱在身体后端延伸为一个尖形的臀部，体侧的两条纵棱形成了不整齐的甲缘。腹甲的骨质壳没有镶嵌的小骨板，由许多牢固地嵌在致密组织中的小骨构成 5 条纵棱，其中中央

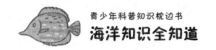

一行在脐带通过处裂开。

棱皮龟的嘴像钩子，头相当大，根本不能缩进甲壳之内。它的四肢呈桨状，没有爪，前肢的指骨特别长。成年的棱皮龟身体的背面为暗棕色或黑色，缀以黄色或白色的白斑，腹面为灰白色。

棱皮龟主要分布于热带和亚热带温暖水域，北纬30°和南纬20°之间基本是其繁殖地。棱皮龟在中国分布于广东、福建、浙江、江苏、山东、辽宁、台湾、海南等附近的东海和南海海域，上海长江口外海域等地。每年5—6月间便是棱皮龟的主要产卵季节，这时雌性棱皮龟便会从海洋中陆续爬到海滩上掘穴产卵。它们产卵通常都在晚上进行，行动非常谨慎，如果遇到外来的干扰，就会立即返回海洋。一只棱皮龟大概每次产卵90—150枚，在繁殖期间也可以多次产卵，产卵之后便用沙覆盖，靠自然温度进行孵化，但每个窝中也常有10多枚不能孵化出来。刚孵化出来的幼体棱皮龟的体长约为5.8—6厘米，它们孵化后，出于本能，立即向大海爬去。

如今，有资料证明，在过去20年里，棱皮龟数量锐减约95%，有关人士说棱皮龟很有可能在10—20年内灭绝。据估算，全世界雌性棱皮龟数量从1980年约11.5万只降至现在的不到4.3万只。哥斯达黎加的普拉亚格兰德海滩是棱皮龟在东太平洋第一大、世界第四大产卵地。20世纪90年代前，每个产卵季节（每年10月至次年3月）都会有250—1000只棱皮龟上岸筑窝产卵。但在2006—2007年产卵季，却仅仅有58只棱皮龟来这里产卵。棱皮龟数量锐减的一个重要原因是——棱皮龟把人类在海洋中丢弃的废塑料袋当成是水母误食，造成肠道阻塞而死亡；又加上被过度捕捉和溺毙，所以数量不断减少。

由于中医传统理论认为棱皮龟龟板、掌、胶具有滋阴潜阳、柔肝补肾、清火明目的功效。龟肉、血、胆能够治气管炎、哮喘，因此受到人们关注。2010年1月8日，美国动物保护者发起拯救太平洋棱皮龟的运动，美政府还准备在美国西海岸设立7万平方英里（1英里≈1.6公里）海域作为棱皮龟的栖息地。这块海域是首次由美国国家海洋和大气管理局为濒临灭绝的棱皮龟开辟重要栖息地。根据计划，政府会限制危害海龟或其食物的项目，比如调整加利福尼亚海岸的农业废料处理、石油泄漏净化、电厂排放物、石油钻探、雨水径流、水产养殖、潮汐能利用、波浪能发电和海水淡化等项目。

棱皮龟作为当今世界仍然存活着的一种巨龟，实在是弥足珍贵。目前，棱皮龟数量锐减，人类应该重视起来，为其不至灭绝出一份力，让生物史上少留一份遗憾。

知识链接 >>>

由于棱皮龟四肢巨大，并且进化成桨状，可持久而迅速地在海洋中游泳，故有"游泳健将"之称。1970年，中国长江口海域捕获了一只棱皮龟，而它身体上所挂的标记却表明它曾经在万里之外的英国大西洋海域被捕获过，足见它的游泳本领之高。

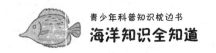
"魔鬼鱼"蝠鲼

2012年9月2日，浙江省台州市渔民在福建外海捕获了一条素有"魔鬼鱼"之称的巨型蝠鲼，这个巨型蝠鲼重2000多斤，胸鳍张开长度近8米。蝠鲼的身体一般都是扁平的，宽大于长，体盘呈菱形，一头宽大平扁；嘴部宽而横平；胸鳍长大肥厚如翼状，头前有由胸鳍分化出的两个突出的头鳍，位于头的两侧；尾巴细长十分像"鞭子"，有一小型背鳍，一些种类的尾上会有一个或更多的毒

刺；口宽大，前位或下位；牙特别细而且多，近铺石状排列；上、下颌有牙带，或上颌无牙；鼻孔恰位于口前两侧，出水孔开口于口隅；喷水孔较小，像一个三角形，位于眼后；鳃孔宽大；腰带深弧形，正中延长尖突。

蝠鲼主要栖居地在热带和亚热带的浅海区域，一般较少停留或栖息在海底，从离海岸较近的表水层到120米深的海水中都能看见它们的身影，并被当地人称为"水下魔鬼"。其实蝠鲼是一种非常温和的动物。蝠鲼平时看上去安静而沉稳，喜欢独自在大海中畅游，过着四海为家的流浪生活。

而且它们没有任何领地占有欲和攻击性，从不攻击其他海洋动物，通常两只蝠鲼相遇时也会若无其事，在遇到潜水者时，也常会羞涩地离开。不过，有些好奇心强的个体会受到氧气瓶呼出的气泡吸引而前来打量，而且它们喜欢被人类抚摸躯体——根本看不出"魔鬼"的特点。

蝠鲼主要以浮游生物和小鱼为食，常常在珊瑚礁附近巡游觅食。它缓慢地扇动着巨大的翼在海中悠闲游动，并用前鳍和肉角把浮游生物和其他微小的生物拨进它的大嘴里。当游泳时，它们的头鳍会向外卷呈角状，向着前方；有时它们成群游泳，雌雄常结伴同行。

蝠鲼性情活泼，常常搞些恶作剧。有时它故意潜游到在海中航行的小船底部，用体翼敲打着船底，发出"呼呼""啪啪"的响声，使船上的人忐忑不安；有时它又跑到停泊在海中的小船旁，把肉角挂在小船的锚链上把小铁锚拔起来，使人不知所措；有时它还会用头鳍把自己挂在小船的锚链上，拖着小船飞快地在海上跑来跑去，使渔民误以为有"魔鬼"在作怪，这实际上是蝠鲼的恶作剧。虽然它没有攻击性，但在受到惊扰的时候，它的力量也足以击毁小船。它的个头和力气常常使潜水员害怕，人类一旦激怒它，它只需用那强有力的"双翅"一拍，就会拍断人的骨头，置人于死地。有些渔民不熟悉这种鱼的习性，往往会招来杀身之祸。曾经就有一个这样的事例，小渔船上的渔民发现一条有头鳍的鱼，兴冲冲地抛下网去，可没想到惹祸上身！只见后边钻出一条更大的鱼，也有着一对头鳍，它腾空而起，那条长尾巴一拖，擦过了渔民身子后，一声巨响，落入水中。渔民身上顿时就冒出了鲜血，接着一阵剧痛。原来那是一条雌蝠鲼，它正带着自己的孩子在游玩，而自己的孩子却要被人捕获，为了保护心爱的孩子，它蹿出水面，向敌人攻击。它的尾部暗藏着可怕的武器——一根锋利的毒刺，被它刺中后会十分疼痛。

蝠鲼最具特色的一个习性便是它那"凌空出世"般的飞跃绝技！经科学家认真观察发现，蝠鲼在跃出海面前会做一系列准备工作：在海中以旋

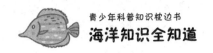

转式的游姿上升，接近海面的同时，转速和游速会不断加快，直至跃出水面，时而还会有漂亮的空翻。甚至能跳两米高，落水时发出"砰"的一声巨响，场面十分优美壮观。那么，蝠鲼为什么要跃出海面呢？人们对此奇怪行为产生过种种猜测，有人说这是雌雄蝠鲼在繁殖季节里在求偶；还有人认为这是一种驱赶、诱捕食物的方式；多数人则相信这是一种甩掉身上寄生虫和死皮的自我清洁方式。

 知识链接 >>>

蝠鲼繁殖率很低，生长也很缓慢，人类的过度捕捞、栖息环境的污染会对其种群造成危害。为了保护蝠鲼，一些产区出台了禁捕等措施。但愿人类可以早日消除对这种"温柔怪鱼"的误解，海面上能更多地出现它们腾空飞跃的曼妙身姿。

"海底电击手"电鳐

在浩瀚的海洋里生活着一种会发电的电鳐，属软骨鱼纲电鳐目。此类生物是板腮类鱼的一个目，这些鱼的腮裂和口都在腹位，有五个腮裂，身体平扁，卵为圆形，吻不突出，臀鳍消失，尾鳍很小，胸鳍宽大，胸鳍前缘和体侧相连接。在胸鳍和头之间的身体每侧都有一个很大的发电器官，能发电，可电击敌人或猎物，卵胎生。

电鳐分布在热带和亚热带近海，把身体半埋在泥沙中等待猎物，一般个体较小，没有食用价值。根据背鳍的多少，专家将其分为三科：双鳍鳐鱼科、单鳍鳐鱼科、无鳍鳐鱼。电鳐最大的个体甚至可以达到2米。

电鳐的每个发电器官最基本结构是一块块小板——电板（一种纤维组织），约40个电板上下重叠起来，形成一个六角形的柱状管，每侧都有600个管状物，称为电涵管。其内充填有胶质物，因此人们用肉眼观察会呈半透明的乳白色，与周围粉红色肌肉显然不同。每块电板上，神经末梢的一面为负极，另一面为正极，电流方向由腹方向背方，它的放电量可以达

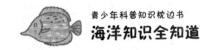
到 70—80 伏特，有时能达到 100 伏特，每秒可放电 150 次。因此，电鳐有"海底电击手"之称。电鳐可以随意放电，大型电鳐发出的电流足以击倒成人，当然电鳐也会靠发出的电流击毙水中的小鱼、虾及其他的小动物，是一种捕食和打击敌人的手段。人们解剖电鳐时，发现它的胃内有完整的鳗鱼、比目鱼和鲑鱼。世界上有好多种电鳐，其发电能力各不相同。

由于电鳐会发电，人们称它为活的发电机、活电池、电鱼等。1989 年，在法国科学城举办了一次非常有趣的"时钟"回顾展览，其中一座用电鱼放出的电来驱动的时钟，引起了人们极大的兴趣。这种带电鱼放电十分有规律，电流的方向每一分钟变换一次，所以被人称为"天然报时钟"。据计算，如果 1 万条电鳐的电能聚集在一起，足够使 1 列电力机车运行几分钟。电鳐的放电能力虽然很强大，可以电死附近的小动物，但是由于水是有电阻的，因此电鳐放的电会随着距离的增加而变弱，对动物的伤害也会逐渐变小。电鳐的放电特性也启发人们发明和创造了能贮存电的电池。人们日常生活中所用的干电池，在正负极间的糊状填充物，就是由电鳐发电器里的胶状物启发而改进的。

早在古希腊和罗马时代，医生们就经常把病人放到电鳐身上，或者让病人去碰一下正在池中放电的电鳐，利用电鳐放电来治疗风湿症和癫狂症等病。时至今日，在法国和意大利沿海，我们还可以看到一些患有风湿病的老年人，正在退潮后的海滩上寻找电鳐，把它当作自己的"医生"。

电鳐是海底的奇妙生物，它的发电作用不仅为自己捕获食物，同时也启发了人类，为人类各行各业的发展做出了巨大的贡献。它不仅是海底电击手，还是人类的启蒙师。

有人做过这么一个实验：在水池中放置两根垂直的导线，放入电鳗，并使水池处于黑暗的环境里，结果发现电鳗总在导线中间穿梭，一点儿也不会碰导线；当导线通电后，电鳗一下子就往后跑了。这说明电鳗是靠"电感"来判断周围环境的。

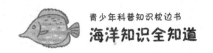
身形曼妙的蝴蝶鱼

蝴蝶鱼俗称热带鱼，它属于近海暖水性小型珊瑚礁鱼类，最大的体长可以超过 30 厘米，如细纹蝴蝶鱼。蝴蝶鱼身体侧扁，可以轻松地在珊瑚丛中来回穿梭，能迅速而敏捷地消失在珊瑚枝或岩石缝隙里。蝴蝶鱼嘴的形状很适合伸进珊瑚洞穴去捕捉无脊椎动物。蝴蝶鱼生活在缤纷多彩的珊瑚礁礁盘中，具有一系列适应环境的本领，它艳丽的外表可随周围环境的改变而改变。蝴蝶鱼的体表有大量色素

细胞，在神经系统的控制下，可以展开或收缩，因此它的体表可呈现不同的色彩。通常一尾蝴蝶鱼改变一次体色只要几分钟，而有的仅仅需几秒钟。

蝴蝶鱼有着极为巧妙的伪装，它们常把自己的眼睛藏在穿过头部的黑色条纹之中，而在尾柄处或背鳍后会留有一个非常醒目的"伪眼"，常使捕食它的人误认为那是它的头部而受到迷惑。当敌人向其"伪眼"袭击时，蝴蝶鱼剑鳍疾摆，逃之夭夭。

蝴蝶鱼对"爱情"忠贞专一，一般都会成双成对地游走，好似陆生鸳鸯，当一个进行摄食时，另一个就在其周围警戒。由于蝴蝶鱼体色艳丽，

深受观赏鱼爱好者的青睐，在水族馆中被大量饲养。

蝴蝶鱼共有150多种，常见的有这几种：

澳洲珍珠蝶：这是一种分布于夏威夷群岛及其附近海域的一种蝴蝶鱼，大小可达16厘米，而且非常喜爱群居。它们适应速度非常快，会吃多种食物，丰年虾、红血虫、贝类是它的最爱。

曙光蝶：它们散布于整个印度洋及红海，也非常适应水族箱的生活。它们喜欢丰年虾，也不挑食，最大体长达13厘米，适合饲养在水族箱内，与其他同伴相处也会十分融洽。

人字蝶：这是一种最受欢迎、最普遍的鱼，它们分布于印度洋及红海。成年的鱼在背鳍后有长长的细丝般的痕迹，此品种最大体长达20厘米。在自然海域中，常集体活动。属杂食性鱼，较偏好水底的甲壳类动物，抵抗疾病的能力中等。

黑白关刀：黑白关刀以浮游性的甲壳类生物为食，即使是许多蝶鱼看了均会扭头就走的薄片饲料，它们也会甘之如饴。它们是少数会攻击其他鱼种的蝶鱼之一。它们活力旺盛，就像雀鲷鱼类一样，天性喜打架争斗。

月眉蝶：产于印度洋，在自然海域中喜欢成双成对地摄食各种水底的无脊椎动物。它们喜欢吃贝类和乌贼肉，其体长可达23厘米。

黄火箭：广泛分布于印度洋及红海海域，在水族箱中像皇帝般游来游去。它们对任何食物都很贪婪，但如果是大而厚的食物，它们会试着将食物拉扯撕裂成一片一片再食用。

一点蝴蝶鱼：又称单斑蝴蝶鱼。体侧比较扁，吻小、突出。头部有黑眼带；鱼体上黄下白，体侧中央上部具一水滴状黑斑。背鳍、腹鳍与臀鳍为黄色，尾鳍呈透明状。幼鱼与成鱼差异不大，但体色较为鲜黄。它们生活于1—60米的清澈珊瑚礁海域，性情相对温和，活动区域相对固定，白天游弋在珊瑚丛或礁石平台上。它们吃的比较杂，以珊瑚虫、小型无脊椎动物及藻类为食。

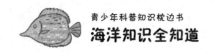

三带蝴蝶鱼：体极侧扁，呈卵圆形；吻小、突出。它们的身体鹅黄色，头部具3条黑色细横带，体侧还有多条暗色纵纹。

如果在珊瑚礁鱼类中选美，那么冠军非色彩缤纷、引人遐思的蝴蝶鱼莫属。蝴蝶鱼的美名是因为它像陆地上多彩美丽的蝴蝶，而蝴蝶鱼不仅有美丽的外表，更有内在美，温和而友好，与其他水族类能够和睦相处。

知识链接 >>>

蝴蝶鱼胸鳍发达阔展，从水面上看极像蝴蝶。蝴蝶鱼捕食动作奇特，可跃出水面犹如海洋中的飞鱼。平时蝴蝶鱼顺水漂流，一旦有昆虫飞临，即使离水面数厘米，也能跃出水面捕食。蝴蝶鱼雌雄很容易辨别，从尾部看，雄鱼鳍膜较短，鳍条突出呈长须状，体色较深，而雌鱼有明显的不规则花纹。

"海底忍者" 毒鲉

　　毒鲉属暖水性底层鱼类。它们常常埋伏在近岸珊瑚礁和岩礁间，背鳍棘有厚皮，基部有毒囊，被刺伤后疼痛难忍。毒鲉主要分布于印度洋和太平洋热带海区，我国只在南海出现过。它们的体长一般为15—25厘米，体重为300—500克。毒鲉隶属于硬骨鱼纲鲉形目毒鲉科，也被称为石头鱼、海底"忍者"。

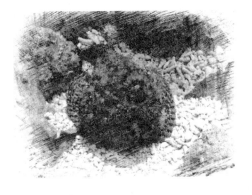

　　它们常常伪装成一块不起眼的石头，它的硬棘具有致命的剧毒，如果被它们的刺刺伤，毒素就会马上侵入人体，轻者肿痛，重者可能会造成痉挛和昏迷。它们经常采取这种守株待兔的方式等待食物的到来。

　　曾经有这样一件事情：捕鱼者张先生被一条叫不上名字的"怪鱼"给刺伤了。他出海捕鱼的第20天傍晚，在收拾渔网里的鱼时，一条"怪鱼"刺伤了他。他说："我的右手刚一碰到那条鱼的背，大拇指就一阵疼痛，接着血就流出来了。"张先生说，当时感觉好像被一根针刺中一样。记者采访时，那条鱼就躺在张先生病床边的地上，但已经死了。"我被它刺了几分钟

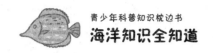

后，它就死了。"张先生说。这条"怪鱼"头大身小，有10多厘米长，通体黑色，布满"小坑"，好像被火烧焦了一般。至于"怪鱼"的名字，张先生叫不上来，但他说以前也曾捕到过几次，只是因为不知道能不能吃，都扔掉了。医院里，许多人围着"怪鱼"观察探讨，但谁也不认识它。"邪了门，打鱼十几年，头一次被鱼刺伤了！"张先生说。医生说，由于这条鱼身上有毒素，所以张先生的手会红肿，但他"中毒"有多深，还要等渔业专家鉴定出鱼的毒性有多强后才知道。

毒鲉平时喜欢栖息于浅水的礁石间，同时还在泥沙中掩埋一半的身体，只露出两只小小的眼睛，一动不动，即使人们站在它身旁，也不容易发现。可是如果不小心踩在它的身上，那么这条貌似老实的毒鲉会立刻竖起背鳍上的13根毒棘刺入人的皮肤里，马上射出毒液，使人在痛苦中失去知觉。其他小动物一旦被它刺中，也会很快死去。

知识链接 >>>

海洋毒物大都外表美丽，毒鲉的出现打破了这一定律，它的外表丑陋，毒刺更是厉害之极，可谓"表里如一"，堪称"海洋杀手"。毒鲉分布很广，在澳大利亚、菲律宾海域和印度洋沿岸都能见到，我国的东海、南海也有毒鲉的一些科类。

奇异的"双面儿"眼虫藻

眼虫藻也被称为"裸藻"。属眼虫藻门，眼虫藻科。藻体为单细胞，长梭形或圆柱形而略带扁平，由前端小凹陷生出细长鞭毛一条，借此游动。它的鞭毛基部附近有红色小点，能感光，称为"眼点"。有些种类有细胞壁，有些种类则没有。绝大多数种类体内含色素体，能进行光合作用，但有的种类也能摄取有机物。眼虫藻盛产于淡水区，也多见于湿土表面，在含有机质较多的水中生长旺盛时，能使水成为绿色。

它们的种类很多，常见的是绿眼虫藻，亦称"裸藻门"，藻类植物的一门。藻体大多为单细胞，无细胞壁，叶绿体草绿色，所含成分和绿藻门相似。有的种类有红色或无色。它们游动细胞具一、二或三根顶生的鞭毛，等长或不等长。前端有胞口，有一条鞭毛从胞口伸出。胞口下有沟，沟下端还有胞咽，胞咽以下有一个袋状的储蓄泡，附近还有一到几个伸缩泡。体中的废物便可经胞咽及胞口排出体外。储蓄泡有趋光性，植物体仅有一层富于弹性的表膜，没有纤维素的壁，因此个体可以伸缩变形。

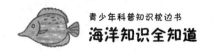
眼虫藻是一种奇异而有趣的生物，要分辨它是植物还是动物并不很容易。眼虫藻含有叶绿素，在光照的条件下，它们可以像植物那样进行光合作用，把二氧化碳和水变成糖类等，眼虫藻这种吸取营养的方式就是"光合营养"，根据这个特点，可以说它是植物。眼虫藻有红色眼点和鞭毛，大多数裸露无壁。藻体不仅能在水中收缩变形还能像动物一样吞食固体食物。它通过身躯表面吸收溶解在水中的有机物质，成为自身的营养，这叫"渗透营养"。根据这个特点，它应该又属于动物的一类。总的来说，眼虫藻既有植物的属性，又有动物的特征，因此可以说它们既是植物又是动物，是一种介于动、植物之间的生物，有人叫它"临界生物"。

眼虫藻，这样一种临界于植物与动物之间的生物，引起了无数人的好奇。它的神奇与特殊，是生物科学史上的一个重大发现与突破，也加深了人类对海洋生命的认识。

知识链接 >>>

眼虫藻可作为环境监测水域内有机物增多、污染的生物指标，以确定污染的程度。此外，眼虫藻还具有耐放射性的能力，许多放射性物质对其生活、繁殖没有什么影响，因此，可以用来净化水的放射性物质。

奇怪的"变色龙"比目鱼

比目鱼是大海中的"变色龙"，由于它是两只眼睛长在一边的奇鱼，被认为需两鱼并肩而行，因此被称为比目鱼。鱼类学家说，比目鱼这种奇异形状并不是与生俱来的，刚孵化出来的小比目鱼的眼睛其实也是生在两边的，在它长到大约 3 厘米长的时候，眼睛就开始转移，一侧的眼睛向头的上方移动，渐渐地越过头的上缘移到另一侧，直到接近另一只眼睛时才停止。

比目鱼有着十分有趣的生活习性，在水中游动时并不像其他鱼类那样脊背向上，而是有眼睛的一侧向上，侧着身子游泳。它常常平卧在海底，在身体上覆盖上一层砂子，只露出两只眼睛等待着猎物、躲避捕食。这样一来，两只眼睛在一侧便成为它的优势，当然这也是动物进化与自然选择的结果。由于比目鱼的两只眼睛长在一边，所以在游动的时候需要两条同类别的鱼来辨别方向，因此便被人类冠以成双成对的含义，所以比目鱼又被人们看作美好爱情的象征。

比目鱼还会随环境颜色的改变而改变自身的颜色。比目鱼这种巧妙的

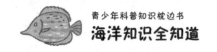
体色变换使它的体表与栖息环境十分相似，如果游到与体色不同的地方栖息时，它还能依照环境的颜色来改变有眼睛一面的色彩，这样不仅可以躲过敌害视线，又便于"守株待兔"，方便获取食物。

意大利那波刺水族馆就做过比目鱼变色的试验，非常有趣。实验办法是在玻璃皿的底上画上黑和白的方格块，或者黑和白的圆圈等。通常比目鱼的变色在瞬间便可实现，但这种玻璃皿的背景对比目鱼而言，开始会不习惯，要延长到半小时左右才能完成变色。美国有一位学者把比目鱼放在白色、黑色、灰色、褐色、蓝色、绿色、粉红色和黄色的背景上，比目鱼能巧妙地变化到和这些背景的颜色一样，但对各种颜色的反应快慢却不同：变为红色要比变其他颜色困难一些，对黄色和褐色的变化速度相同，对蓝色和绿色的变化也会困难一些，多花了一些时间。

会变色的鱼类特别多。据研究变色主要受神经系统和内分泌系统控制，具体情况则依种类而有所不同。大多数鱼类对周围环境的颜色感应主要是依靠头部神经系统。还有人做过实验，就是把水族箱底部分成两半，画上两种颜色图纹，或放置不同材料底质，然后把比目鱼的头部置于一边。身体在另一边，结果发现比目鱼的体色变化会依头部所在一边的颜色改变。鱼类变色的主要动机不仅仅是为了要和环境统一，同时还有其他因素存在。和人类突然受到刺激面色可以很快变为绯红或苍白一样，鱼类中有些变色似乎也与情绪有关，比如鱼在投饵时或突然受到电光照射所引起的兴奋，就会把一定的颜色和斑纹显示出来。当鱼受伤、生病或因水中缺氧、水质变差等，鱼的体色会黯淡下去。乌鳢等鱼受到电击时，体斑纹会立即消失，变得通体苍白。鱼类在死后颜色也会发生很大的变化。

那么，为什么比目鱼能改变身体的颜色呢？原来，它是利用眼睛感受外界环境的颜色，在受到刺激时，性腺也受到刺激，这些刺激通过神经系统，改变皮肤细胞所含色素微粒的排列，从而改变了皮肤的颜色。

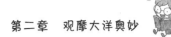

知识链接 >>>

在我国古代，比目鱼是象征忠贞爱情的奇鱼，古人留下了许多有关比目鱼的佳句："凤凰双栖鱼比目""得成比目何辞死，愿作鸳鸯不羡仙"等等，清代著名戏剧家李渔曾著有一部描写才子佳人爱情故事的剧本，其名就叫《比目鱼》。

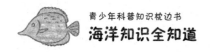
海洋"垂钓者"鮟鱇

你一定见过钓鱼，可是你见过"海洋垂钓者"吗？大西洋的海底里就生活着一种叫"海洋羽毛"的鱼，它的外表看不出鱼的特点，像一根长长的钓竿。它一头插在海底淤泥上，另一头在大海里，这种会钓鱼的"渔翁"很多，其中最有名的鮟鱇、钓鱼鱼和穗鳍鱼。

鮟鱇，俗称结巴鱼、蛤蟆鱼、海蛤蟆、琵琶鱼等，主要分布在热带和亚热带浅海水域。我国有黄鮟鱇和黑鮟鱇两种，黄鮟鱇分布于黄渤海及东海北部，黑鮟鱇一般在东海和南海。它们的种类多样：大者可达 1—1.5 米。大嘴巴里长着两排坚硬的牙齿，相貌十分丑陋，口内有黑白圆形斑纹，臂鳍条有 6—7 根。鮟鱇鱼身躯向后细尖呈柱形，很善于伪装。它们头大，由上往下看，体柔软、无鳞，背面褐色，像有柄煎锅一样。背鳍最前面的刺伸长像极了钓鱼竿，前端有皮肤皱褶伸出去，看起来很像鱼饵，尾鳍圆截形鮟鱇鱼有两个背鳍，第一背鳍与其他鱼不同，由 5—6 根独立分离的鳍棘组成。鮟鱇利用此饵状物摇晃，引诱猎物。

鮟鱇一般静伏于海底或缓慢活动，主要以各种小型鱼类或幼鱼为食，有时也吃各种无脊椎动物和海鸟。待猎物接近时，它便突然猛咬捕捉，再一口吞下去。除适时变色适应环境外，其生存绝招还在于身上的斑点、条纹和饰穗，非常像红海藻的模样，尤其那种身披饰穗的鮟鱇鱼，更擅长潜伏捕食和逃避天敌追杀。生物学上把它身上这个小灯笼称为拟饵。小灯笼是由鮟鱇鱼的第一背鳍逐渐向上延伸而形成的，前段好像钓竿一样，末端膨大形成"诱饵"。小灯笼之所以会发光，是因为在灯笼内具有腺细胞，能够分泌光素，光素在光素酶的催化下，与氧作用进行缓慢的化学氧化而发光的。其实深海中有很多鱼都有趋光性，于是小灯笼就成了鮟鱇鱼引诱食物的有力武器。但有的时候也会给它带来麻烦，因为闪烁的灯笼不仅可以引来小鱼，有时还可能吸引来敌人。

当遇到一些凶猛的鱼类时，鮟鱇鱼就不敢和它们正面作战了，它会迅速地把自己的小灯笼塞回嘴里去，海洋中顿时一片黑暗，因为鮟鱇鱼胸鳍很发达，可以像脚一样在海底移动，所以就会趁着黑暗溜走。冲着鮟鱇鱼来的大鱼，在黑暗中也什么都看不见，只得悻悻离去。但不是所有的鮟鱇鱼都有这个小钓竿，雄鮟鱇就没有。一般雌鮟鱇体形较大，但雄鮟鱇却恰恰相反，只有雌鮟鱇的六分之一大。鮟鱇鱼的胃口很大，它的胃中常充满着鲨鱼等大型鱼类的骸骨。

鮟鱇以一种奇特的身体结构来捕食猎物，无心插柳柳成荫，仿若海洋中的垂钓者，因此也吸引了人类的目光与好奇心。作为神秘而有趣的生物，鮟鱇也体现着大自然的美妙与神奇。

 知识链接 >>>

鮟鱇生长在黑暗的大海深处，行动缓慢，也不是群居生活，所以在辽阔的海洋中雄鱼很难找到雌鱼，一旦遇到雌鱼，便会终身相附至死，雄鱼一生的营养也由雌鱼供给。久而久之，鮟鱇鱼就形成了这种奇特的寄生关系。

海洋中的"鱼医生"

在深邃神秘的海洋里，千姿百态的鱼儿来回穿梭。这时，一条大鱼迅速地朝一条小鱼游过来。但它并没有吃掉这条小鱼，而是在小鱼面前停住了，并张开了大嘴，这条小鱼立即钻进大鱼的嘴里，几分钟后，小鱼安然无恙地出来了，消失在海草丛中，大鱼又急忙追赶自己的"队伍"去了。这种奇特的景象，在海洋中每天都要出现几百万次，这到底是怎么回事呢？

原来，这种小鱼是海洋中著名的鱼医生，中文学名裂唇鱼、霓虹刺鳍鱼等。它们的任务是帮助大鱼解除病痛，并世世代代在海洋里开设免费的"医疗站"和"美容室"，科学家们亲切地称这些小鱼为"清洁鱼"。鱼类和人类一样，它们也经常遭到微生物、细菌和寄生虫的侵蚀。这些寄生虫往往寄生在鱼鳞、鱼鳍和鱼鳃上，甚至还寄生在鱼的嘴里、牙缝间。"鱼医生"便到大鱼嘴里去吃寄生虫，这样一来大鱼免除了病痛，小鱼又可把寄生虫当作美味佳肴，这在生物学上被称为共生。有时一条鱼被另一条鱼咬伤了，伤口感染化脓，受伤的鱼会向鱼医生求救，"鱼医生"就会施展医术，用尖尖的嘴来清除伤口的坏死部分，几天后，这条鱼就痊愈了。"鱼医生"出没的地方是珊瑚礁中的"休战区"，因此水族箱中必须有一条"鱼医生"。"鱼医生"在幼鱼时为黑色且带有蓝带，长大后会呈现黄色并有黑带，它们夜间栖息在岩间小洞，会吐黏液把身体包裹住。

"鱼医生"在鱼类中十分受尊重。凡是前来接受治疗的病鱼，就诊时，必须头朝下、尾巴朝上，笔直地悬浮在水中。如果是喉咙生病，那么病鱼会乖乖地张大嘴巴，让"鱼医生"钻进嘴里去，吃掉其坏死组织。有人可能会有这样的疑问：大鱼不会吃掉"鱼医生"吗？可以放心，这种事情是不会发生的，甚至非常凶猛的石斑鱼也不会伤害它们。当病鱼在接受治疗时，如果遇到敌人来侵犯，病鱼也不会匆匆将"鱼医生"吞下，而是立即将"鱼医生"带到安全地方后吐出来，自己则挺身而出与敌人搏斗。总之，病鱼绝不让"鱼医生"受到伤害。

"鱼医生"治病的速度是十分惊人的。研究人员曾连续 6 小时在水中观察"鱼医生"治病的过程，经统计，一条"鱼医生"6 小时内竟医治了 300 条病鱼。当然病鱼过多时，也会出现有趣的排队候诊现象。遇上这种情况，"鱼医生"也会撒手不干，躲到清静的地方去。此时，病鱼常常前呼后拥地把它团团围住，无可奈何之际，"鱼医生"又不得不重新开始治病工作。"鱼医生"给鱼治病是无偿的，唯一的好处便是将病鱼身上细菌、寄生虫和坏死组织当作美餐。

有人曾做过这样的实验：故意把"清洁鱼"从某个地方清除掉，两周后，发现这个地方的其他鱼类在鱼鳃、鱼鳞、鱼鳍上均不同程度地出现了脓肿，患上了轻重不同的皮肤病。在广阔的海域里，至今已发现有近 50 种"鱼医生"，它们辛勤地进行着医疗工作。还有一个令人奇怪的现象就是来看病的大多为雄性鱼，这也许是因为雄鱼好斗，身体经常负伤，其实雄鱼比雌鱼更爱清洁，爱打扮。

但是令人不解的是：这些鱼类在接受治疗的同时会改变身体的颜色，

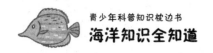

它会由浅色变为红色，有时由银色变成古铜色，这是不是在告诉"鱼医生"自己身体不舒服的具体位置呢？

人类生病有医生，鱼也有生病之时，而且还有治疗师，这一有趣现象更体现了海洋生命的神奇之处，令人不禁敬佩大自然的奇妙创造。海洋生物复杂繁多，一直以来是人类不断探索的圣地，"鱼医生"的存在进一步激发人类的好奇心，去探索那神秘的海洋世界。

知识链接 >>>

现在世界上不少地方大量进口这种小鱼，放到温泉中，也让鱼来"吃一吃"水中的人，因为研究发现它们喜欢成群结队地啄皮肤上的死皮，可用于治疗干癣等皮肤病。当游客泡温泉时，小鱼会立刻将人围住。因为没有牙齿，即使它不停地啃食，也不会对人体皮肤造成伤害。它只吃人身上的角质层和一些在显微镜下才看得到的细菌，可以帮助吸出人体内的垃圾和毒素。人体毛孔通畅后，皮肤不仅变得更光滑细嫩，还能有效吸收温泉中的多种矿物质，因此这种神奇的小鱼又被称作"水中美容师"。近几年，鱼疗法在韩国、日本、土耳其等国家已普遍流行。

海上飞鱼

俗话说："海阔凭鱼跃，天高任鸟飞。"在神秘的自然界，除了鸟类之外，还有许多会飞的动物。它们虽然没有鸟类那样令人羡慕的翅膀，但"飞行"起来也毫不逊色，堪称一大自然奇观。在浩瀚无垠的海洋中，便有许多这样引人注目的"飞行家"。

海洋中生长着一种奇特的鱼，此鱼长相就很特别，它的胸鳍特别发达，像鸟类的翅膀一样。长长的胸鳍一直延伸到尾部，整个身体像极了织布的"长梭"。如果在我国南海和东海上航行，就经常能看到这样的情景：深蓝色的海面上，突然跃出了成群的"小飞机"，它们犹如鸟类一般掠过海空，时高时低，自由翱翔，景象十分壮观。有时候，它们在飞行时也会落到汽艇或轮船的甲板上面，使船员"坐收渔利"。这种像鸟儿一样会飞的鱼，就是海洋上著名的飞鱼。这是一种中小型鱼类，因为它会"飞"，所以人们称它飞鱼。它展现着自己流线型的优美体型，在海中以每秒10米的速度高速运动。它能够跃出水面十几米，最长能在空中停留40多秒，飞行的最远距离甚至达400米。飞鱼的背部颜色和海水颜色

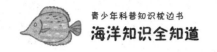
相接近，它经常在海水表面活动。破浪前进的情景很是壮观，这也成为我国南海一道亮丽的风景线。

海上飞鱼其实是银汉鱼目飞鱼科约40种海洋鱼类的统称，广布于全世界的温暖水域，以能飞而著名。飞鱼体形都很小，最大约长45厘米（18寸），有翼状硬鳍和不对称的叉状尾部。有些种类具双翼而仅胸鳍较大，如分布广泛的翱翔飞鱼；有些则有四翼，胸、腹鳍都很大，如加州燕鳐。

在2008年5月，日本NHK电视台的职员在屋久岛海岸附近就拍摄到一段飞鱼飞行的视频片段，时间长达45秒钟，这也成为目前最长的飞鱼飞行视频记录，之前的世界纪录为42秒。

飞鱼如何能飞行多年来引起了人们的兴趣，随着科学的发展，科学家们用摄影机揭示了飞鱼"飞行"的秘密，结果发现，飞鱼实际上是利用它的"飞行器"尾巴猛拨海水起飞的，而不是像过去人们所想象的那样靠振动它那长而宽大的胸鳍来飞行。飞鱼在出水之前，先在水面下调整角度快速游动，快接近海面时，将胸鳍和腹鳍紧贴在身体的两侧，此时很像一艘潜水艇，然后用强有力的尾鳍左右急剧摆动，划出一条锯齿形的曲折水痕，促使它产生一股强大的冲力，这个冲力使鱼体像箭一样突然破水而出，起飞速度竟超过每秒18米。飞鱼的"翅膀"其实并不用扇动，而只是靠尾部的推动力在空中作短暂的"飞行"。有人曾做过这样的试验，将飞鱼的尾鳍剪去，再放回海里，由于它没有像鸟类那样发达的胸肌，又不能扇动"翅膀"，所以断尾鳍的飞鱼便再也不能腾空而起了。

位于加勒比海东端的珊瑚岛国巴巴多斯，因盛产飞鱼而闻名于世。游客们在此不仅能观赏到"海上飞鱼"的奇观，还可以获得一枚制作精致的飞鱼纪念章，巴巴多斯因而获得了"飞鱼岛国"的雅号。

飞鱼为什么要"飞行"？经研究海洋生物学家认为，飞鱼的飞翔，大多是为了逃避金枪鱼、剑鱼等大型鱼类的追逐，或是由于船只靠近受惊而飞。海洋鱼类的大家庭并不总是平静的，飞鱼在海洋中属于小型鱼类，极易成为鲨鱼、鲜花鳅、金枪鱼、剑鱼等凶猛鱼类争相捕食的对象。飞鱼在长期生存竞争中，形成了一种十分巧妙的逃避敌害的技能，当跃水飞翔时，可以暂时离开危险的海域。因此，飞鱼并不轻易跃出水面，只有遭到敌害攻击时，或受到轮船引擎震荡声的刺激时，才会被迫展现它独特的本领。但有时候，飞鱼由于兴奋或生殖等原因也会跃出水面。飞鱼就是这样一会儿跃出水面，一会儿钻入海中，用这种办法来逃避海里或空中的敌害。但是，飞鱼这种特殊的"自卫"方法也不是滴水不漏、万无一失的。在海上飞行的飞鱼尽管逃脱了海中之敌的袭击，但也常常成为海面上守株待兔的猎物，如军舰鸟的口中食。飞鱼还具有趋光性，夜晚若在船甲板上挂一盏灯，成群的飞鱼就会寻光而来，自投罗网撞到甲板上。

蓝色的海面上，飞鱼时隐时现，站在海滩上放眼眺望，一条条梭子形的飞鱼时而破浪而出，在海面上穿梭交织，迎着雪白的浪花腾空飞翔，形成了繁花似锦的"抛物线"，仿若美丽的喷泉令人目不暇接，瞬息万变的图景美丽壮观，令人流连忘返。

知识链接 >>>

飞鱼生活在热带、亚热带和温带海洋里，在太平洋、大西洋、印度洋及地中海都可以见到它们飞翔的身姿。有些种类有季节性近海洄游习性，形成渔汛。

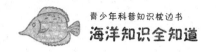
有趣的爆火鱼

在海洋中有许许多多会发光的鱼类，如星星鱼、灯腿鱼、电筒鱼等。在众多的发光鱼类中，最为有趣的非爆火鱼莫属。爆火鱼生活在大洋洲所罗门群岛海域，以"爆火星"而闻名。这种鱼外形其实并没有什么特别之处，奇就奇在"爆火"上。爆火鱼十分喜欢群居，集游式生活，这就使"爆火"的机会不断地出现。当爆火鱼集体活动的时候，便会有奇迹发生。爆火鱼的队伍浩浩荡荡地在海面上游来游去，身体与身体挤在一起，相互摩擦，便会像放电一样爆

发出"嚓嚓"的火花来，要是在夜晚，闪烁的火花简直就像一条条火龙，十分美丽绚烂，这也正是爆火鱼名字的由来。

可为什么爆火鱼之间相互摩擦就能够发出火花呢？原来爆火鱼的皮肤上沉积有很多磷。这种磷和我们平常用的火柴盒上的磷是一样的，当它们互相擦身而过时，皮肤上的磷受到摩擦而生热，于是便发出火花来。它们爆出的火花十分耀眼，噼啪声此起彼伏，给平静的大海增添了光彩，所以爆火鱼越聚集成一团，那种"爆火"的景色就越壮观。如果你有机会乘坐

潜水器到深海游览一番，就会看到各种各样的发光海洋生物，在黑暗的海水里游来游去，仿佛是天空中的流星，又仿若五彩缤纷的"灯会"。

其实爆火鱼的体积很小，大如手指，身体扁长，尾部像燕子尾巴似的分着叉，所以也有人叫它"燕尾爆火鱼"。爆火鱼体表粗糙无鳞，上面长着许多灰褐色的颗粒状鱼斑，看上去没有什么美感。它的骨骼是由软骨或硬骨构成的，在头骨的两边有四至七片鳃，其中最前面的一片鳃已演化成了下刭骨。它的脊椎骨是与头骨连在一起的，在胸部有肋骨与脊椎相连，在背部、尾部和腹部有从脊椎伸出的长的刺，爆火鱼的肌肉内常有硬化的胫所构成的鱼刺。有些爆火鱼背和尾之间的鳍内却没有刺，但可以硬化成角质以得以加强，主要依靠身体的摆动和尾鳍来运动。爆火鱼有两层皮肤，表层的皮肤内含有能够分泌黏液的腺，内层有许多连接组织，鳞和色素细胞也在这一层里；外层的黏液可以帮助鱼减轻其游泳时的阻力。

知识链接 >>>

生活在海洋黑暗层的生物当中，至少有44%的鱼类都具备自身发光的本领。不过它们的这项本领并不仅仅是用来照明，而是具有更加独特的作用。它们有的为了诱捕食物，有的为了寻找同伴或是吸引异性，还有一些是为了御敌。

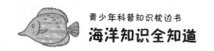

"美丽的杀手"水母

水母是海洋中重要的大型浮游生物，属无脊椎动物。它们的出现比恐龙还早，可追溯到 6.5 亿年前，但它们的寿命很短，平均只有几个月的生命。全世界的海洋中有超过两百种的水母，它们分布于全球各地的水域里。

水母没有眼睛，没有耳朵，也没有大脑，在浩瀚的海水中过着"没头没脑"的生活，即便如此，它们仍然是海洋生物中不可小觑的一员。水母的身体像一把透明伞，大的直径可达 2 米，触手可长达 20—30 米，长长的触手伸向四周，有的身上还带有各色各样的花纹。水母的形态十分美丽迷人，温文尔雅、雍容华贵如同少妇，上面的半球状伞体玲珑剔透，下面的须状触手飘飘然。有一种栉水母还能够发出蓝色的光，光彩夺目、美妙绝伦。

人们往往根据水母的伞状体的不同来分类：有的伞状体发银光，叫银水母；有的伞状体像和尚的帽子，叫僧帽水母；有的伞状体仿佛是船上的白帆，叫帆水母；有的宛如雨伞，叫雨伞水母；有的伞状体上闪耀着彩霞的光芒，叫霞水母……形态各异、色彩夺目的水母在蓝色的海洋里游动，看起来美丽极了。然而这种美丽的动物却十分的凶猛，并含有剧毒。在水母伞状体的下面，那些细长的触手不仅是它的消化器官，也是它的武器。在触手的上面布满了刺细胞，像毒丝一样，能够射出毒液，猎物被刺螫以后，会迅速麻痹而死。触手就将这些猎物紧紧抓住，缩回来，用伞状体下面的息肉吸住，每一个息肉都能分泌酵素，迅速将猎物体内的蛋白质分解。因为水母没有呼吸器官与循环系统，只有原始的消化器官，所以捕获的食物立即在腔肠内消化吸收。

世界上的水母基本都有毒，只是毒性大小不同而已。在海边弄潮游泳时，有时会突然感到身体的前胸、后背或四肢一阵刺痛，有如被皮鞭抽打的感觉，那准是水母在刺人了。不过，一般被水母刺到，只会感到灸痛并出现红肿，只要涂抹消炎药或食用醋，过几天即能消肿止痛。但是在马来西亚至澳大利亚一带的海面上，有两种分别叫箱水母和曳手水母的，其分泌的毒性很强，如果人被它们刺到的话，在几分钟之内会因呼吸困难而死亡，因此它们又被称为杀手水母。美国《世界野生生物》杂志曾列举了全球最毒的10种动物，名列榜首的不是"毒"名昭著的眼镜蛇，而是水母家族中的"大哥"——海洋中的箱水母，而剧毒超过眼镜蛇的水母也有七八种！

箱水母是地球上已知的毒性最强的生物，也属于最早进化出眼睛的第一批动物。瑞典科学家的一项新研究发现，箱水母已经进化出一套与人类相似的特殊的眼睛，这些眼睛能帮助箱水母在海洋中灵巧地避开障碍物。一只成年箱水母的触须上竟有几十亿个毒囊毒针，足以致20人于死地！箱水母是腔肠动物立方水母纲大约20种水母的通称，之所以获此怪名，是因为外形微圆，像一只方形的箱子。成年的箱水母有足球那么大，蘑菇状，近乎透明。它由体内喷出的水柱推动着身体旋转前进，在它的身体两侧各有两只原始的眼睛，可以感受光线的变化，身后拖着60多条带状触须。这

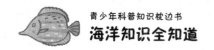

些触须正是使人致命之处，它能伸展到 3 米以外。在每根触须上，都密密麻麻地排列着囊状物，每个囊状物又都有一个肉眼看不见的、盛满毒液的空心"毒针"——刺丝囊。刺细胞内有一个叫刺丝囊的专用器官，这些刺丝囊是由外壳和刺丝构成的，在休息状态下，它们盘卷在一起；而当水母进行攻击的时候，刺丝就会伸展开来，刺丝囊刺入被攻击对象的体内，并在里面释放毒汁。如果是人被刺到，人会感到肌肉疼痛，两分钟内，人的器官功能就会衰竭。

在浩瀚的海洋世界中，这种"无头无脑"生物水母，它的外形令人眼前一亮，那散发着光芒的伞状体真是迷人，这无疑给人以诱惑，殊不知这美丽之物竟是海洋杀手，真可谓"蛇蝎美人"。

知识链接 >>>

最大的霞水母是分布在大西洋里的北极霞水母，它的伞盖直径可达 2.5 米，伞盖下缘有八组触手，每组有 150 根左右。每根触手伸长达 40 多米，而且能在一秒钟内收缩到只有原来长度的十分之一。

"游泳健将"乌贼

乌贼也称墨鱼、墨斗鱼，乌贼目，是海产头足类软体动物。乌贼有一个船形石灰质的硬鞘，内部器官包裹在袋内。乌贼的身体像个橡皮袋子，在身体的两侧有肉鳍，体躯椭圆形，颈短，头部与躯干相连，有二腕延伸为细长的触手，用来游泳和保持身体平衡。它的头较短，两侧有发达的眼。头顶长口，口腔内有角质颚，能撕咬食物。乌贼的足生在头顶，所以又称头足类。头顶的 10 条足中有 8 条较短，内侧密生吸盘，称为腕；另外两条较长、活动自如的足，能缩回到两个囊内，称为触腕，只有前端内侧有吸盘。其皮肤中有色素小囊，会随"情绪"的变化而改变颜色和大小。

乌贼主要吃甲壳类、小鱼或其他软体动物，主要敌人是大型水生动物。乌贼可以称为海底头足类中最为杰出的放烟幕专家，有一套施放烟幕的独家绝技。在遇到敌人时，乌贼会喷出烟幕，然后逃生，这是因为乌贼体内有一个墨囊，囊内储藏着能分泌天然墨汁的墨腺。平时，它遨游在大海里专门吃小鱼小虾，但是一旦有什么凶猛的敌人向它扑来时，乌贼就立刻从

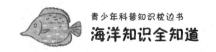

墨囊里喷出一股墨汁，把周围的海水染成一片黑色，使敌人看不见它，在这黑色烟幕的掩护下，它便可以逃之夭夭了。乌贼喷出的这种墨汁还含有毒素，可以用来麻痹敌人，使敌人无法再去追赶它。但是乌贼墨囊里积贮一囊墨汁需要相当长的时间，所以，乌贼不到十分危急之时是不会轻易施放墨汁的。

如果说施放烟幕是乌贼的逃生秘诀之一，那么秘诀之二就是它的游行速度。在海洋软件生物中，乌贼的游泳速度最快。乌贼身体扁平柔软，非常适合在海底生活。乌贼平时做波浪式的缓慢运动，可一遇到险情，就会以每秒15米（54千米／小时）的速度把强敌抛在身后，有些乌贼移动的最高时速达150千米。它之所以游泳速度非常快，是因为与一般鱼靠鳍游泳不同，它是靠肚皮上的漏斗管喷水的反作用力飞速前进，其喷射能力就像火箭发射一样，它可以使乌贼从深海中跃起，跳出水面高达7—10米。乌贼的身体就像炮弹一样，能够在空中飞行50米左右。

1873年，在纽芬兰附近，一艘小船遭到了这个大家伙的突然袭击，幸亏船主用斧头砍下了它的一根长5米、直径约0.3米的触须，才侥幸逃脱。从此以后，人们就开始追踪"乌贼王"的踪迹，但令人烦恼的是，它很少在浅海露面，当它浮出水面的时候，不是已经死亡就是奄奄一息，在开展研究前就死去了。全世界至今只有250多个样本可供研究，这些样本不是残缺不全就是严重损坏，它究竟住在何处，如何生活，如何觅食和繁殖，科学文献上至今仍是空白。

世界上所有的乌贼中，最小的要算雏乌贼。它的身长不超过1.5厘米，和一粒花生米的大小差不多，体重只有0.1克。这种超小型的乌贼生活在日本海浅海的水草里，其模样同一般的乌贼非常相似，只是背上多了一个吸盘，可以吸附在水草上，不致被海水冲走。平时它在水草上休息，一旦发现猎物便突然出击，吃饱后，又回到水草上安静地休息，等待下一个猎物。

比较漂亮的乌贼就属玻璃乌贼了，它的外表看起来就像人们跳波尔卡时穿着的舞裙，上面漂亮的圆斑点让这种玻璃乌贼看起来有点像卡通片里的形象，也为这漆黑阴暗的深海环境平添了一点亮色。科学家们搜索了超过 1500 平方英里（1 英里 ≈ 1.6 公里）的海域才发现了这种乌贼。

在乌贼的王国里，还有一种体形很小的萤乌贼。它是一种会发光的生物，其腹面有 3 个发光器，有的眼睛周围还有一个，它发出的光可以照亮30 厘米远。当它遇到天敌时，便射出强烈的光，把天敌吓得仓皇而逃。

海洋生物种类繁多，令人目不暇接。漂亮的乌贼为漆黑的深海增添的一抹亮色，那柔软的身体在海里游动是游刃有余，吸引着人们的目光与其一起徜徉于这美妙的海洋。

知识链接 >>>

最大的大王乌贼能有多大？这个问题不好回答。人们曾测量一只身长 17.07 米大王乌贼，其触手上的吸盘直径为 9.5 厘米。但从捕获的抹香鲸身上，曾发现过直径达 40 厘米以上的吸盘疤痕。由此推测，与这条鲸搏斗过的大王乌贼可能身长达 80 米以上。如果真有这么大的大王乌贼，那也就同传说中的挪威海怪相差不远了。

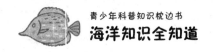
"海洋巨人"蓝鲸

蓝鲸是一种海洋哺乳动物，属于须鲸亚目。蓝鲸被认为是地球上生存过的体形最大的动物，长可达 33 米，重达 181 吨。最大的恐龙体长超过蓝鲸，但重量却没有蓝鲸大。蓝鲸不但是目前最大的鲸类，也是地球上最大的哺乳动物。一头成年蓝鲸能长到曾生活在地面上的最大的恐龙——长臂龙体重

的 2 倍多。所幸的是，由于海洋浮力的作用，它不需要像陆生动物那样费力地支撑自己的体重，另外庞大的身躯还有助于保持恒定的体温。

蓝鲸全身体表均呈淡蓝色或鼠灰色，背部有浅色的细碎斑纹，胸部有白色的斑点，褶沟在 20 条以上，腹部也布满褶皱，长达脐部，并带有赭石色的黄斑。雌鲸在生殖孔两侧有乳沟，内有细长的乳头。头相对较小而扁平，有 2 个喷气孔，位于头的顶上，吻宽，口大，嘴里没有牙齿，上颌宽，向上凸起呈弧形，生有黑色的须板，每侧多达 300—400 枚，长 90—110 厘米，宽 50—60 厘米。

蓝鲸在耳膜内每年都积存有很多蜡，根据蜡的厚度，可以判断它的年

龄。在它的上颌部还有一块白色的胼胝，曾经是生长毛发的地方，后来，毛发都退化了，就留下一块疣状的赘生物，成了寄生虫的滋生地。由于这块胼胝在每个个体上都不相同，就像是戴着不同形状的"帽子"，所以可以据此区分不同的个体。

蓝鲸的背鳍特别短小，其长度不及体长的 1.5%，鳍肢也不算太长，约为 4 米，具 4 趾，尾巴宽阔而扁平。蓝鲸整个身体呈流线型，看起来很像一把剃刀，所以又被称为"剃刀鲸"。

一头成年蓝鲸能长到非洲象体重的 30 倍左右。蓝鲸平均长度约 25 米，最高纪录为 33.5 米左右。雌鲸大于雄鲸，南蓝鲸大于北蓝鲸。蓝鲸的头非常大，舌头上能站 50 个人。它的心脏和小汽车一样大。婴儿可以爬过它的动脉，刚生下的蓝鲸幼崽比一头成年象还要重。在其生命的头七个月，幼鲸每天要喝 400 升母乳。幼鲸的生长速度很快，体重每 24 小时增加 90 千克。

你能想到吗？巨大无比的蓝鲸所吃的食物居然是微小的磷虾类。蓝鲸栖息的海湾大多由陆地的河水中冲入了极为丰富的有机质，促进了浮游生物的大量繁殖。密集的浮游生物，又引来了身体闪耀着钻蓝色光芒的大群磷虾。蓝鲸的胃分成四个，第一胃为食道部分膨大而变成的，所以胃口极大，一次可以吞食磷虾约 200 万只，每天要吃掉 4000—8000 千克，如果蓝鲸腹中的食物少于 2000 千克，就会有饥饿的感觉。

磷虾是全世界数量最多的动物，广泛分布于南北极海域，正是由于有如此丰富的食物，而且生活在水里没有支持体重的限制，所以蓝鲸才能发育得这样巨大。蓝鲸通常捕食它能找到的最密集的磷虾群，这意味着蓝鲸白天需要在深水（超过 100 米）觅食，夜晚才能到水面觅食。蓝鲸一次吞入大群的磷虾的同时也会吞入大量的海水。它每天都用大部分时间张开大口游弋于稠密的浮游生物丛中，嘴巴上的两排板状的须像筛子一样，肚子里还有很多像手风琴的风箱一样的褶皱，能扩大又能缩小，这样它就可以将

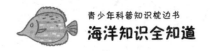

海水和磷虾一齐吞下后，挤压腹腔和舌头，将海水经须板挤出，然后嘴巴一闭，使海水从须缝里排出，滤下小虾小鱼，吞而食之。

知识链接 >>>

　　蓝鲸经济价值高，全世界一年就捕杀蓝鲸近 3 万头。1966 年国际捕鲸委员会宣布蓝鲸为禁捕的保护对象。一份 2002 年报告估计世界上蓝鲸的数量在 5000 至 12000 只之间，并分布在至少 5 个族群中。2012 年，蓝鲸被《世界自然保护联盟》列为濒危物种。

"海上霸王"虎鲸

虎鲸是一种大型齿鲸，身体极为粗壮，是海豚科中体形最大的物种。它的身体强壮而有力，呈纺锤形，表面光滑，皮肤下面有一层很厚的脂肪用来保存身体的热量。

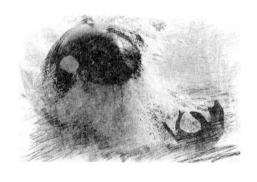

虎鲸通常身长为8—10米，体重9吨左右，身体上的颜色黑白分明，背部为漆黑色，只是在鳍的后面有一个马鞍形的灰白色斑，两眼的后面各有一块梭形的白斑，腹面大部分为雪白色。虎鲸有一个尖尖的背鳍，背鳍弯曲长达1米，头部呈圆锥状，没有突出的吻。大而高耸的背鳍位于背部中央，其形状有极强变异性，雌鲸与未成年虎鲸的背鳍呈镰刀形，而成年雄鲸则多半如棘刺般直立。胸鳍大而宽阔，大致呈圆形，这点与大多数海豚科成员的典型镰刀状胸鳍不同。鼻孔在头顶的右侧，有开关自如的活瓣，当浮到水面上时，就打开活瓣呼吸，喷出一片泡沫状的气雾，遇到海面上的冷空气就变成了一根水柱。虎鲸的前肢变为一对鳍，很发达；后肢已经退化消失。在海湾的浅水地带，它还喜欢用尾巴上的缺刻去钩拉海藻，发出"呼呼"的声音。高耸于背部中央的强大的三角形背鳍，十分

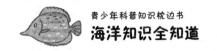

显眼，雄鲸的可达 1.8 米高，既是进攻的武器，又可以起到舵的作用。虎鲸嘴很大，上下颌上共有 40—50 枚圆锥形的大牙齿，显出一副凶神恶煞的模样，能把一只海狮整个吞下。

虎鲸是食肉动物，它是海洋中最凶猛的动物之一，善于进攻猎物，是企鹅、海豹等动物的天敌。有时它们还袭击其他鲸类，甚至是大白鲨，可称得上"海上霸王"。由于虎鲸性情十分凶猛，因此又有恶鲸、杀鲸、凶手鲸、逆戟鲸等称谓。虽然它的牙齿非常坚硬，但却不如鲨鱼的牙齿那样锋利，因此主要用于攫取而不是咀嚼，而被它叼住的食物都是整个吞下的。

虎鲸的食物多样，小型结群鱼类、鱿鱼，到大型须鲸、抹香鲸都有可能成为它们的猎物，还包括海豹等鳍脚类动物，海龟、海豚、海狗、海獭、海牛、儒艮、鲨鱼等，甚至还有鹿与麋鹿。虎鲸会趁鹿类游泳横渡水道时伺机捕食，还会利用涨潮来到海岸边，捕捉来不及逃走的海豹和企鹅，曾有一只虎鲸吃掉 13 只海豚和 14 只海豹的记录。

虎鲸的各群似乎有自己偏好的食物种类，例如某些族群主要以鲑鱼、鲔鱼或鲱鱼等鱼类为主要食物，某些种群则会巡视鳍脚类的登陆地寻找猎物或跟随迁徙中的鲸群，成群的虎鲸甚至敢于攻击比其大 10 倍的须鲸，情景与狼群围猎孤鹿十分相似，先将猎物上下左右团团围住，咬掉背鳍、尾巴等，使其难以游动，然后撕去大块的肉，再咬掉猎物的嘴唇和舌头，最后轮流钻入取食。虎鲸也会偷吃延绳钓渔船上钩的鱼或吃食渔民丢弃的下杂鱼等。

虎鲸是如此凶猛，所以海洋中的露脊鲸、长须鲸、座头鲸、灰鲸、蓝鲸等大型鲸类也都畏之如虎，远远见了，就慌忙避开，逃之夭夭。虎鲸在捕食的时候还会使用诡计。如猎捕海狗时，虎鲸会在满潮前观察直达海滩的裂缝沟渠，当满潮时沟渠会灌满水，并在沙滩上形成一片浅水域，此时虎鲸会沿着沟渠冲上海滩，并故意让自己搁浅，以趁机捕食海狗或海狮。有时一只虎鲸会露出大背鳍吸引海狗群的注意，这时另一只虎鲸就会悄悄的靠近捕杀海狗，当猎物脱逃时，另一只虎鲸就会冲上去接替捕食。虎鲸还会先将腹部朝上，一动不动地漂浮在海面上，很像一具死尸，而当乌贼、海鸟、海兽等接近它的时候，就突然翻过身来，张开大嘴把它们吃掉。

虎鲸喜欢栖息在 0℃—13℃ 的较冷水域。温暖的海洋中虎鲸数量较少，即使有，也常常潜到水温较低的深水地带。虎鲸喜欢群居的生活，有 2—3 只的小群，也有 40—50 只的大群，群体成员间团结互助。虎鲸并没有灭绝之虞，但人为猎捕可能已造成部分地区虎鲸族群的减少。

虎鲸这种聪明的海洋食肉生物，它捕猎时的凶狠令人称服，叫人类和其他动物望而生畏；但同时，它捕食时利用诡计又让人觉得趣味十足，给人震撼力的同时又为这世界增添了奇妙色彩。

知识链接 >>>

由于虎鲸智力出众，人们通过驯化它来完成一些特殊的任务，例如美国海军夏威夷水下作战中心，每年要花费数百万美元来训练一只动物部队，虎鲸就是其中的主要成员之一，可以进行深潜、导航、排雷等工作。人们还训练虎鲸打捞海底遗物，播放虎鲸的声音吓跑海水中的害兽，或者把它当成海中警犬，看护和管理人工养殖的鱼群等。

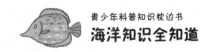

"海中狼"鲨鱼

根据化石考察和科学家推算得知，鲨鱼在地球上生活了约1.8亿年，它早在3亿多年前就已经存在，至今外形都没有多大改变，生存能力极强。

鲨鱼在古代叫作鲛、鲛鲨、鲨鱼，是海洋中的庞然大物，号称"海中狼"。鲨鱼的鼻孔位于头部腹面口的前方，有的具有口鼻沟，连接在鼻口隔之间，嗅囊的褶皱增加了与外界环境的接触面积。鲨鱼属于软骨鱼类，所有的鲨鱼都有一身的软骨，它的骨架是由软骨构成，不是骨头，软骨比骨头更轻、更具有弹性。鲨鱼身上没有鱼鳔，调节沉浮主要靠它很大的肝脏。

鲨鱼在海水中对气味极为敏感，尤其是对血腥味。鲨鱼最敏锐的器官就是嗅觉，它们能闻出数里外的血液等极细微的物质，并追踪其来源。鲨鱼的牙齿有5—6排，除最外排的牙齿才真正起到牙齿的功能外，其余几排都是"仰卧"着为备用，就好像屋顶上的瓦片一样彼此覆盖着，一旦在最外一层的牙齿发生脱落时，在里面一排的牙齿马上就会向前面移动，用来补足脱落牙齿的空穴位置。同时，鲨鱼在生长过程中较大的牙齿还要不断取代小牙齿，因此，鲨鱼在一生中常常要更换数以万计的牙齿。据统计，一条鲨鱼在 10 年以内竟要换掉两万多颗牙齿。它的牙齿不仅强劲有力，而且锋利无比。鲨鱼的咬合力可以说是所有海洋动物中最强有力的，曾有人用金属咬力器藏在鱼饵中，用来测定一条体长 8 英尺（1 英尺 ≈ 30.5 厘米）鲨鱼的咬合力大小，经测定结果得知其咬合力每平方英寸（1 英寸 ≈ 2.5 厘米）高达 18 吨。所以有些商轮在航海日记上曾记载轮船推进器被鲨鱼咬弯、船体被鲨鱼咬个破洞的事故，也不足为奇了。

鲨鱼习性冷酷，凶残嗜杀，更可怕的是在相互抢食时，鲨鱼常常会不分青红皂白，甚至连自己亲生的孩子——鲨仔，也不放过；当一条鲨鱼被其他鲨鱼所误伤而挣扎的时候，这头伤鲨就会倒霉了，其他同宗族的兄弟也同样会群起而攻之，直至完全吞食完毕为止；还有更加恐怖的是鲨鱼是胎生的，一胎可产 10 余条鲨仔，最高可达 80 余条之多，这些鲨仔在母胎里竟也会互相残杀。

世界上约有 380 种鲨鱼，有 30 种会主动攻击人，有 7 种可能会致人死亡，还有 27 种因为体形和习性的关系具有危险性。鲸鲨是海中最大的鲨鱼，也是世界上最大的鱼类，长成后身长可达 20 米，重达 40 吨。虽然鲸鲨的体形庞大，但它的牙齿在鲨鱼中却是最小的，它们的食物是浮游生物。最小的鲨鱼是侏儒角鲨，可以放在手上。它长约 20—26 厘米，重量甚至还不到 0.4 千克。

大白鲨是目前为止海洋里最厉害的鲨鱼，以强大的牙齿称雄，所享有的盛名和威名举世无双。作为大型的海洋肉食动物之一，大白鲨有着独特冷艳的色泽、乌黑的眼睛、凶恶的牙齿和双颚，这不仅让它成为世界上最易于辨认的鲨鱼，也让它成为几十年来人类眼里的"热门人物"。虽然鲨鱼的袭击看起来可能十分凶残，但鲨鱼并不是那种不断地寻找人类作为攻击目标的邪恶生物。既然对吃人不感兴趣，为什么还要攻击伤人呢？在鲨鱼

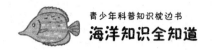
造成的事故中，有90%以上属于误伤。一种原因是，人侵入到它的地盘，警觉攻击；另一种原因是它们误以为人类是别的某种生物。鲨鱼在咬了受害者之后，会在几秒钟内一直咬着对方，一旦发现不是它们平日里的食物，会放开。但是由于鲨鱼牙齿极为锋利，在攻击时会对人造成严重的伤害。在某些情况下，鲨鱼的第一口就能把人类的胳膊或腿完全咬断。一位外科医生在为一名十几岁的澳大利亚冲浪者做手术后，把他失去的一条腿形容为"就像铡刀铡过一样"。即便没有把人的胳膊或腿咬断，它一般会咬掉一大块肉，撕下肌肉和骨头。如果鲨鱼咬在人的躯干上，可能会使肋骨裂开，还可能把大块的皮肤撕下来，有时，这会使体内的器官暴露在外并受到伤害。凶狠的大白鲨使喜欢嬉水的人类惶恐不已，好在它的天敌虎鲸可以制衡它。

知识链接 >>>

大白鲨是海洋中攻击人的体形最大的食肉类鲨鱼。鲨鱼身体坚硬，肌肉发达，听之便使人心惊肉跳，它的凶狠使它成为"海中霸王"，更成为人类影视剧中的题材之一，可谓海洋中的"明星杀手"。

海洋中的"智者"海豚

海豚被人们认为是高智慧海洋动物。它可以在光线黑暗、地质情况复杂的海洋世界里，灵活、准确地跟踪和捕捉各种目标而不因碰撞伤害自己。它分辨目标的本领很高，在3千米以外，它能分辨出在水中游动的是它喜欢吃的石首鱼还是厌恶的鲻鱼。蒙住它的眼睛，它能在迷宫中

避开障碍物，自由自在地游来游去，也能准确无误地区分两个直径分别为5.2厘米、6.1厘米的镍钢球。有人做过一个试验，在一张网上做了两个门，轮流开关，关着的门用透明的塑料板挡起来，看上去好像开着的一样，让海豚进入网中，但它从来没有走错过门。如果在水中放了两条鱼，一条用玻璃板隔起来，每次海豚都抓到了水中的鱼，而绝不会碰在玻璃板上。它学习本领快，猴子需要几百次才能学会的本领，聪明的海豚只需要20次就可以掌握了。

聪明的海豚被人类训练并进行多方面的协助工作。1971年越南战争期间，美国海军在越南金兰湾曾部署由12名驯兽员和6只海豚组成的"水下

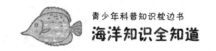

侦察兵"分队，作为水下"哨兵和杀手"，用以对付企图接近美国军舰的越南潜水员。海豚被安置在动力浮箱小艇里，昼夜不停地监视"敌人"，每隔30秒钟，就能对通往金兰湾的各航道"扫描一次"，其效率与准确性远远超过声呐，"扫描"距离可达360多米。据美国中央情报局透露，这些经过训练的海豚，一旦发现越南潜水员后，立即向驯兽员发出无线电信号。

美国海军还用"海豚兵"进行寻找、识别和打捞作业。在1965—1967年，美国在试验"阿斯罗克"反潜火箭和"天狮星"巡航导弹时，海豚成功地在60米深处找到了"阿斯罗克"反潜火箭脱落的战斗部和"天狮星"导弹的发射轮架。1967—1968年，海豚被首次用于寻找和识别同样装有音响信标的教学水雷。直升机将海豚运到搜索海域，并用专门的拖架将它们放入海中。3天内，有一只海豚找到了17枚水雷，它们完成任务的时间，比一般潜水员缩短了一半。

为什么海豚这么聪明呢？原因是它拥有特别的大脑。海豚的脑部非常发达，不但大而且重。海豚大脑半球上的脑沟纵横交错，形成复杂的皱褶，而且大脑皮质每单位体积的细胞和神经细胞的数目非常多，神经的分布也相当复杂。根据研究显示，大西洋瓶鼻海豚的皱褶甚至比人类的还多，而且更为复杂。人类大脑皮质的表面积为2500平方厘米，而它们的大脑皮质表面积为3745平方厘米，约为人类的1.5倍。海豚脑部神经细胞的数目，比人类和黑猩猩的还要多。大西洋瓶鼻海豚的脑部重量约为1500克，这数值和成年男性的脑重1400克相近；而大西洋瓶鼻海豚的体重约250千克，因此脑重和体重的比值约为0.6％，这一数值虽然远低于人类的1.93％，但却超过大猩猩或日本猕猴等灵长类的比值。因此，无论是从脑重和体重的比，或是从大脑皮质的皱褶数目来看，大西洋瓶鼻海豚脑部的记忆容量和信息处理能力，均应和灵长类不相上下。

自古以来海豚和人类的关系就十分密切。1871年的夏天，在新西兰的海岸地区，大雾迷漫，一艘远洋海轮在暗礁丛生的浅海地区颠簸，分不清航道，面临触礁的危险。这时，一只白色的海豚赶来为这艘船领航，船长指挥轮船跟着海豚，穿过迷雾，绕过暗礁，顺利地到达了安全地区。从那以后，每艘海船经过这里时，这只白海豚都来领航。有一次，这只海豚在领航的时候，被船上的一名旅客开枪打伤了。可是过了几个星期以后，这只"心地善良"的海豚又来领航了。为了保障海船的航道安全和保护海豚，新西兰政府专门召开了会议，颁布一条法令：任何人都不得伤害这只白海豚。从这以后，这只白海豚夜以继日地执行"领航任务"，在长达40年的漫长时间里从不间断，直至1912年，这只白海豚为人类奉献一生后，才在海面上永远消失。

据美联社报道过的消息称：一名救生员豪斯托与15岁女儿妮丝及两名朋友在旺阿雷镇附近的海滩游泳。一只海豚逐渐游向众人身边，把他们4人围在一起，然后紧贴在旁打圈游弋。当豪斯托尝试突破海豚的保护范围时，两条体积较大的海豚把他推回包围圈内。此时，豪斯托发现一条长达3米的大白鲨向他们游来，但未敢突破海豚群设下的保护圈。研究海洋哺乳类动物达14年之久的女学者维塞尔说，全世界都有海豚保护人类的报告。她认为在这次事件中，众海豚或察觉人类有被鲨鱼袭击的危险，因而齐来相助。专家表示，海豚太过聪明，不适合在主题公园表演，也不应强迫它们与人类共泳，那会让它们心灵受创。

知识链接 >>>

海豚救人不是一种有意识的行为，这种行为是在长期的自然选择中形成的，对于延续种族、保护同类生存是十分必要的。海豚不仅对于同类，对于人甚至无生命的物体也会产生同样的推逐反应。因而，这种救人行为其实只是海豚的一种本能，这种本能使其更加可爱，成为人类欢迎的好朋友。

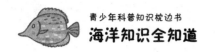
漂亮的"海洋花朵"珊瑚礁

珊瑚礁的主体是由珊瑚虫组成的。珊瑚虫是海洋中的一种腔肠动物，每一个单体的珊瑚虫只有米粒那样大小，它们一群一群地聚居在一起，一代代地新陈代谢，生长繁衍，同时不断分泌出石灰石，并黏合在一起。这些石灰石经过以后的压实、石化，便形成了岛屿和礁石，也就是所谓的珊瑚礁。在深海和浅海中均有珊瑚礁存在，世界上珊瑚礁多见于南北纬 30°之间的海域中，尤以太平洋中西部最多。

科学家按形态划分有：裙礁（岸礁）、堡礁、环礁、桌礁及一些过渡类型。据估计全世界珊瑚礁连同珊瑚岛面积共有 1000 万平方千米，珊瑚礁生长速度一般为每年 2.5 厘米左右。有些珊瑚礁很厚，是因珊瑚礁生长发育过程中礁基不断下沉或海面不断上升所致。珊瑚礁是石珊瑚目的动物形成的一种结构，这个结构可以大到影响其周围环境的物理和生态条件。珊瑚礁为许多动植物提供了生活环境，其中包括蠕虫、软体动物、海绵、棘皮动物和甲壳动物，此外珊瑚礁还是大洋带的鱼类幼鱼生长地。

珊瑚礁蕴藏着丰富的矿产资源。礁灰岩是多孔隙岩类，渗透性好，有机质丰度高，是油气良好的存储层。目前已发现和开采的礁型大油田有十多个，可采储量 50 多亿吨。礁型气田也是高产的，大型油气田多产于古代的堡礁中。珊瑚礁及其潟湖沉积层中，还有煤炭、铝土矿、锰矿、磷矿。人们在礁体粗碎屑中发现铜、铅、锌等多金属层控矿床。礁作为储水层具有工业利用价值。珊瑚灰岩可作为烧制石灰、水泥的良好原料。有潮汐通道与外海沟通的环礁潟湖，可开辟为船舶的天然避风港。珊瑚礁灰岩覆盖的平顶海山，可作为水下实验的优良基地。

千姿百态的珊瑚可作为装饰工艺品。五彩缤纷的礁栖热带鱼类可供人们观赏。有些珊瑚早已被用作药材。礁区具有丰富的渔业、水产资源，不少礁区已开辟为旅游场所。

在造礁珊瑚的体内，共生有大量的虫黄藻，正是它们为珊瑚染上绚丽的色彩。虫黄藻可以进行光合作用，一面制造养料，一面为造礁珊瑚的生长清除代谢的废料（二氧化碳等）和提供氧气。然而，珊瑚是一种活生物，极度敏感。如果海水水温超过一定范围，珊瑚就会抛弃虫黄藻，恢复成白色，如果虫黄藻不再回来，珊瑚就会死去。第一个白化珊瑚礁是 70 年前人们在澳大利亚大堡礁的一次探险活动中发现的。然而到了 20 世纪 70 年代，在世界不同的地方都发现了白化珊瑚礁。世界野生生物基金会的一份报告指出，在 1979—1990 年短短的 12 年间，就发现了 60 起珊瑚礁白化病例，而在这之前的 103 年中仅证实有过 3 起。悉尼大学生物科学院教授奥韦·霍格·古尔贝格最近十几年来对全球的白化珊瑚礁做了研究，他在研究报告中得出结论：除非气候不再变化，否则珊瑚礁白化将日趋频繁，2030—2070 年甚至每年都会有这种现象发生，100 年内，珊瑚礁将会从地球上的绝大部分海域消失。

大范围珊瑚礁白化主要是由全球环境变化引起的，尤其是全球变暖和紫外辐射增强，此外环境污染也是其白化的重要因素。导致珊瑚礁白化的

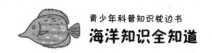
机制主要在于细胞机制和光抑制机制。珊瑚礁白化会降低珊瑚繁殖能力、减缓珊瑚礁生长、改变礁栖生物的群落结构，导致大面积珊瑚死亡和改变珊瑚礁生态类型，如变为海藻型等。珊瑚礁白化后的恢复与白化程度有关，大范围白化的珊瑚礁完全恢复需要几年到几十年。

美丽的珊瑚礁成为海洋中的一大奇观，为海洋增添了绚烂的色彩。近年来，频繁发生的珊瑚礁白化导致了珊瑚礁生态系统严重退化，并已经影响到全球珊瑚礁生态系统的平衡，这一现象的出现在给人类以警示，应该引起人们的高度重视。

知识链接 >>>

珊瑚礁并非仅仅拥有美丽的外表以及栖息着丰富的物种。长期以来，它们一直充当着无数海洋生命的进化源泉的角色，其中甚至包括像蛤蜊和蜗牛这样通常被科学家认为从浅海水域起源的物种。这一结论源自对化石记录进行的新一轮调查，同时这一发现强化了进化潜能与环境具有重要关系的理论。

"海底温床"海草床

海草是一种开花的草本高等植物，由叶、根、茎和根系组成，生长于热带、温带近岸海域或滨海河口区水域中的淤泥质或沙质沉积物上，是从陆地逐渐向海洋迁移而形成的。目前全世界各海域的海草共有12属，我国共有9属。海草是继红树林和珊瑚礁以外又一个重要的海洋生态系统，大面积的连片海草被称为海草

床，是许多大型海洋生物甚至哺乳动物赖以生存的栖息地，在生态上具有重要意义。

海草床与红树林、珊瑚礁共称三大典型的海洋生态系统。研究发现，在海草床中，可找到超过100种的生物品种，每平方米总数量有5万；而在没有海草的地方，只有60种以下，每平方米总数量少于1万。因此，海草床是成千上万动植物赖以生存的重要资源，是海洋生物的栖息地和重要食物链，是巨大的海洋生物基因库。

海草床生态系统能改善海水的透明度，减少富营养质，为大量海洋生

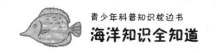
物提供栖息地，其中包括底栖动植物、深海动植物、附生生物、浮游生物、细菌和寄生生物，海草床更是鱼、虾及蟹等的生长场所和繁衍场所。海草床里的腐殖质特别多，有利于海鸟的栖息。

海草床是浅海水域食物网的重要组成部分，直接食用海草的生物包括儒艮、海胆、马蹄蟹、绿海龟、海马、鱼类等。死亡的海草床又是复杂食物链形成的基础，细菌分解海草腐殖质，为沙虫、蟹类和一些滤食性动物，如海葵和海鞘类提供食物。大量腐殖质的分解释放出氮、磷等营养元素，溶解于水中被海草和浮游生物重新利用，而浮游植物和浮游动物又是幼虾、鱼类及其他滤食性动物的食物来源。

海草是一种根茎植物，生长于近海海岸，可抓紧泥土，减弱海浪冲击力，减少沙土流失，起到巩固及防护海床底质和海岸线的作用。成片的海草床是海洋生态养殖业的重要基地，海水养殖业已被誉为"蓝色农业"。我国海南东部海域有成片的海草床，通过海洋生态养殖，即通过调查各个海草床海域的海洋生态环境容量，全面收集相关数据进行研究分析，确定该海草床所在海域对海水养殖产生污染的最大承受能力，最终确定最适宜的海水养殖容量、养殖种类、养殖密度和布局，从而实现经济效益和环境效益的统一，保证海草床生态系统的健康和海洋养殖业的可持续发展。

海草床资源还可以带动相关加工业的发展。海草的编织工艺品，如海草画、海草篮、海草包等，在欧美市场很抢手，是出口创汇的重要产品。从海草中提取的有效成分，可以制造多种美容护肤品，也是多种保健品的重要原料。

海草床资源还可以带动相关高科技产业的发展。美国科学家通过基因工程技术，将海草中的基因注入陆地作物高粱的基因中，于1997年培植出第一批可用海水浇灌的新型高粱。德国科学家利用海草中含有的碳酸钙，于2001年制成性能几乎与人的骨头完全一样的人造骨，是理想的骨组织替代物。目前，美国科学家正在研究海草上的真菌和微生物，寻找含有对付癌症和其他 21 世纪疾病的有效成分。因此，保护好海草床资源，科学开发海草床资源，对人类社会的可持续发展具有巨大的推动作用。

全球 50 多种海草中，南中国海就分布了 20 多种。海草通过降低悬浮物和吸收营养物质达到净化水质的目的，同时也改善了水的透明度，为许多生物提供了重要的食物来源。海草床资源作为独特的海洋生态系统，既可规划建设成生态自然保护区，又是开展海洋生态旅游的理想场所。

国家海洋局组织的海洋生态调查人员在我国南海海域对重要的海洋生态系统海草进行了调查，首次发现具有重要生态价值的海草床生态系统。在海南陵水附近海域，调查人员对海草分布比较密集的新村港港湾进行了水下观测和采样分析，经过对这一带海草密度和面积的勘察评估，专家确认这里已经具备了海草床的生态特征。调查发现，在新村港港湾有 2/5 的海床生长着茂密的海草，而且仍处在继续发育的状态，十分罕见。专家分析认为，这是由于港湾内水温适宜，海湾环境使海草床躲避了风浪的破坏，再加上当地政府有意识地加以保护，才使这里保存了完好的海草床生态系统。

联合国环境规划署 2003 年首次发表了针对世界沿海地区海草床分布的调查报告。该报告显示，在过去的 10 年中，已经有约 2.6 万平方千米的海草生态区消失，减少了 14.7%，海草床的生态环境遭受着严重的威胁。人为污染是海草床被破坏的最主要因素，包括陆地和海上排放的污染，主要为工业与生活污水、交通和投饵养殖等，由此引起的海水富营养化，污染行为带来的悬浮物大大降低了海草床的光射入，降低了海草的光合作用能力，严重阻碍了海草的生长，甚至导致整个海草种群的衰落。人类应该加强海草床资源保护意识，保护我们的海洋。

海草是独特的海洋生态系统，是无数海洋生物赖以生存的最佳场所，是自然界的巧妙设计，更是给我们生存环境中的一份礼物。自然界出现的物种有其必然性，是不可或缺的，为了我们赖以生存的家园，保护海草应

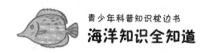
该是刻不容缓的行动。

    海草床生态系统是生物圈中最具生产力的水生生态系统之一，具有重要的生态系统服务功能。它是一种典型的热带亚热带海洋生态系统，是近海岸地区生态系统的重要组成部分，其生产力、生态功能、鱼类生物量和经济价值等方面均与珊瑚礁和红树林相近。如今人类在海岸地区的活动使得海草床成为地球上最受威胁的生态系统之一，其流失率可与红树林、珊瑚礁和热带森林相提并论。过去10年，全球范围内大量海草保护区的建立是因为人类认识到全球海草危机，并开始为保护海草迈出了第一步，但至今全球海草保护和恢复工程还处于起步阶段，大多数尝试和成果还主要集中在美国、澳大利亚以及欧洲发达国家。

大洋"皮肤病"赤潮

赤潮，又被称为"红色幽灵"，是指海洋浮游生物在特定环境下爆发性地增殖所造成的一种有害生态现象。海洋浮游藻是引发赤潮

的主要原因，在全世界4000多种海洋浮游藻中有260多种能形成赤潮，其中有70多种能产生毒素。赤潮藻中的"藻毒素"在贝类和鱼类的身体里累积，人类误食以后轻则中毒，重则死亡，因此人们又将赤潮毒素称为"贝类毒素"。

赤潮是一个历史沿用名，它并不一定都是红色，是许多赤潮的统称。赤潮发生的原因、种类和数量的不同，水体会呈现不同的颜色，有红色或砖红色、绿色、黄色、棕色等。值得指出的是，某些赤潮生物引起赤潮有时并不引起海水呈现任何特别的颜色。目前，赤潮已成为一种世界性的公害，美国、日本、中国、加拿大、法国、瑞典、挪威、菲律宾、印度、印度尼西亚、马来西亚、韩国等30多个国家和地区赤潮发生都很频繁。

海洋是一种生物与环境、生物与生物之间相互依存，相互制约的复杂生态系统。系统中的物质循环、能量流动都是相对稳定、动态平衡的。当

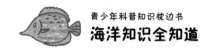

赤潮发生时，这种平衡遭到干扰和破坏。在植物性赤潮发生初期，由于植物的光合作用，水体会出现高叶绿素、高溶解氧、高化学耗氧量。这种环境因素的改变，致使一些海洋生物不能正常生长、发育、繁殖，导致一些生物逃避甚至死亡，破坏了原有的生态平衡。

赤潮对水生生物最大的威胁便是引起水中缺氧，由于赤潮生物大量繁殖，覆盖整个海面，而且死亡的赤潮生物极易被微生物分解，从而消耗了水中的溶解氧，使海水缺氧甚至无氧，导致海洋生物的大量死亡。一些微细的浮游生物大量繁殖，也会黏住动物的鳃，使其呼吸困难，严重者也可致其死亡。另外，赤潮生物所产生的毒素排入水中还会对海洋生物产生毒素作用。赤潮生物的死亡，会促使细菌繁殖。有些种类的细菌或由这些细菌产生的有毒物质能将鱼、虾、贝类毒死。

根据日本1979年的统计，在全部的海洋污染事件中，赤潮占8%。以濑户内海为例，1955年前的几十年间共发生过5次赤潮，而1956—1965年10年间就发生了39次；1966—1980年15年间竟先后发生了2589次，其中造成严重危害的305次。2016年5月，智利南部海域爆发赤潮，并产生毒素麻痹海洋生物中枢神经系统，造成大量鱼类死亡，海滩布满死鱼。据认为这是智利近年来遭遇最严重环境危机之一。我国近年来赤潮发生的频率也越来越高，地区也越来越广。仅1989年一年，我国沿海就有6个地区遭受赤潮的袭击，直接经济损失2亿元以上。1998年9月，渤海锦州湾发生了有记录以来最大的一次赤潮，发生海域达3000km² 以上。

赤潮不仅对渔业、养殖业危害甚大，而且还直接对人类的健康产生威胁。在赤潮肆虐的海域，专家提醒人们慎食海鲜，赤潮毒素会成为人类的"健康杀手"。有些赤潮生物分泌赤潮毒素，当鱼虾、贝类处于有毒赤潮区域内，摄食这些有毒生物，虽不能被毒死，但生物毒素可在体内积累，其含量大大超过食用时人体可接受的水平。这些鱼虾、贝类如果不慎被人食用，便会引起人体中毒，严重时可导致死亡。从近几年海洋环境监测情况来看，由于海洋生态环境遭到破坏，某些海域水污染不断加剧，导致了海洋污染日益严重，赤潮的发生次数和范围日益扩大，不得不引起人们的关注。但就目前的技术手段来看，人们还只能以防为主。做好赤潮监测防治，搞好防灾减灾工作，保护海洋生态，是减少赤潮发生的次数、减少其所带来的损失的最好办法。

知识链接 >>>

　　赤潮，一种自然界的破坏现象，它的出现已经引起人们的注意。海水富营养化是赤潮发生的物质基础和首要条件；水文气象和海水温度变化是赤潮发生的重要环境因素；海水养殖的自身污染也是诱发赤潮的因素之一。随着人类科学技术的不断发展，一定会有根治赤潮的方法出现，为人类带来福音。

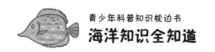
海洋"黑势力"黑潮

在北太平洋西部海域，有一股强劲的海流犹如一条巨大的江河，从南向北，滚滚向前，昼夜不息地流淌着，它就是黑潮。黑潮是世界海洋中第二大暖流，具有流速快、流量大、流幅狭窄、延伸深邃、高温高盐等特征。黑潮的水并不黑，甚至比一般海水更清澈透明。这是因为黑潮水质含极少杂质，能见度达30—40米深。不过，当太阳的散射光照射到黑潮海面时，水分子偏重于散射蓝色光波，其他光波如红、黄等色为长波，被水分子吸收，所以，当人们从上往下看海水时，海水成了蓝黑色。另外由于海的深

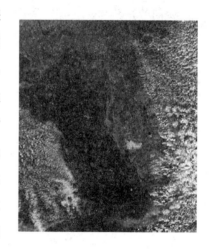

沉，水分子对折光的散射以及藻类等水生物的作用等，外观上好似披上黑色的衣裳，这样，人们就习惯地称它为黑潮，以区别于其他的一般海水。

黑潮是一支强大的洋流。夏季，它的表层水温达30℃，到了冬季，水温也不低于20℃。黑潮的流幅和厚度并不都是一样的，在不同的海区里有不同的变化。通常它的宽度为150千米，在日本列岛南面海域，黑潮的最大宽度可达200—300千米，厚度达1000米以上。在我国台湾的东面，黑

潮的流幅宽达 280 千米，厚 500 米，流速 1—1.5 节（一节 =1.852 千米 / 小时）；入东海后，虽然流宽减少至 150 千米，速度却加快到 2.5 节，厚度也增加到 600 米。黑潮流得最快的地方是在日本潮岬外海，一般流速可达到 4 节，不亚于人的步行速度，最大流速可达 6—7 节，比普通机帆船还快。

黑潮是太平洋洋流的一环，为全球第二大洋流，仅居墨西哥湾暖流之后。黑潮自菲律宾开始，穿过台湾东部海域，沿着日本往东北向流，在与亲潮相遇后汇入东向的北太平洋洋流。黑潮将来自热带的温暖海水带往寒冷的北极海域，将冰冷的极地海水变成适合生命生存的温度。黑潮的流速相当快，就如同搭上高速公路一般，可提供给洄流性鱼类一个快速便捷的路径，向北方前进，因此黑潮流域中可捕捉到为数可观的洄游性鱼类，及其他受这些鱼类所吸引过来觅食的大型鱼类。

黑潮是怎么形成的呢？传送热能的海流黑潮是由北赤道流转变而来的。由于北赤道流受强烈的太阳辐射，因而黑潮海流具有高水温、高盐度的特点。

黑潮对人类有着重大的影响，它与气候关系密切。日本气候温暖湿润，就是受惠于黑潮环绕。我国青岛与日本的东京、上海与日本九州，纬度相近，而气候却相差很多，这是因为海洋暖流对大气有直接影响。据科学家计算，1 立方厘米的海水降低 1℃释放出的热量，可使 3000 多立方厘米的空气温度升高 1℃。假若全球 100 米厚的海水降低 1℃，其放出的热能可使全球大气增加 60℃。

对我国与日本等国气候影响最大的是黑潮的"蛇形大弯曲"。所谓"蛇形大弯曲"，也叫"蛇动"，是指黑潮主干流有时会形如蛇爬一样弯弯曲曲。如果"蛇形大弯曲"远离日本海岸，结果是沿岸的气温下降，寒冷干燥；相反，则使日本沿岸气温升高，空气温暖湿润。海洋气象学家的研究告诉人们，通过对冬季黑潮水温的变化，可以预测来年的气候。当进入秋末冬初时，只要测出吐噶喇海峡的水温比往年平均水温高时，我国北部平原地

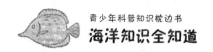

区的来年春季降雨量就会比常年多。由此可见，海洋方面的研究对气象预报的重要性。

黑潮对它所经过的沿岸各国的影响远不止上述几个方面，它对渔业生产也有重大的影响。最主要表现在"海洋锋面"的形成和它对渔场的形成上。两支洋流相会，将引起海水上下翻腾，把下层丰富的营养物质带到表层，促使浮游生物迅速繁殖，渔场也就在这样的条件下形成了。我国享有"天然鱼仓"之称的舟山渔场，就处在暖流和沿岸流之间的"海洋锋面"。日本东部海区处在黑潮暖流和亲潮寒流之间的"海洋锋面"上，因而也是世界著名的大渔场。

知识链接 >>>

黑潮的流速比一般洋流要强劲得多，它流速为每小时3—10千米，由此可以计算出黑潮在我国东海的流量为每秒钟约3000万立方米。这个流量相当于我国第一大河长江流量的1000倍，可见黑潮之流量极为可观。

"海洋浩劫"海啸

水下地震、火山爆发或水下塌陷和滑坡等激起的巨浪，在涌向海湾内和海港时所形成的破坏性的大浪称为海啸。地震是海啸最明显的前兆，破坏性的地震海啸，只在出现垂直断层、里氏震级大于6.5级的条件下才能发生。当海底地震导致海底变形时，变形地区附近的水体产生巨大波动，海啸就产生了。

海啸具有强大破坏力，是地球上最强大的自然力。海啸是一种灾难性的海浪，通常由震源在海底下50千米以内、里氏震级6.5级以上的海底地震引起，另外水下或沿岸山崩或火山爆发也可能引起海啸。在一次震动之后，震荡波在海面上以不断扩大的圆圈传播到很远的距离。海啸波长比海洋的最大深度还要大，轨道运动在海底附近也没受多大阻滞，不管海洋深度如何，它的震荡波都可以传播过去。海啸在海洋的传播速度大约每小时500—1000千米，而相邻两个浪头的距离可能远达500—650千米，它的这种波浪运动所卷起的海涛，波高可达数十米，并形成极具危害性的"水墙"。海啸的传播速度与它移行的水深成正比。在太平洋，海啸的传播

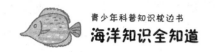

速度一般为每小时两三百千米到一千多千米。海啸不会在深海大洋上造成灾害，正在航行的船只甚至很难察觉这种波动。海啸发生时，越在外海越安全。一旦海啸进入大陆架，由于深度急剧变浅，波高骤增，可达 20—30 米，这种巨浪可带来毁灭性灾害。

1883 年 8 月，印度尼西亚火山岛喀拉喀托的火山爆发。此次火山爆发，远在澳大利亚都能听见。火山爆发引发的海啸巨浪高达 40 米。根据美国地质勘探局的报告，仅爪哇岛和苏门答腊岛，海浪就冲走 165 个村庄。海啸掀起的海浪直到远在 7000 千米的阿拉伯半岛才停息下来。

2004 年 12 月 26 日，强达里氏 9.3 级大地震袭击了印度尼西亚苏门答腊岛海岸，持续时间长达 10 分钟。此次地震引发的海啸甚至危及远在索马里的海岸居民。仅印尼就死亡 16.6 万人，斯里兰卡死亡 3.5 万人。印度、印度尼西亚、斯里兰卡、缅甸、泰国、马尔代夫和东非有 200 多万人无家可归。

2011 年 3 月 11 日 14 时 46 分发生在西太平洋国际海域的里氏 9.0 级地震，震中位于北纬 38.1°，东经 142.6°，震源深度约 20 千米。日本气象厅随即发布了海啸警报，称地震将引发约 6 米高海啸，后修正为 10 米。根据后续研究表明，海啸最高已可达 23 米。此次的 9.0 级地震是全世界第五高的海啸，1960 年发生的智利 9.5 级地震和 1964 年阿拉斯加 9.2 级地震分别排第一和第二。

在大地震之后如何迅速地、正确地判断该地震是否会激发海啸，这仍然是个悬而未决的科学问题。尽管如此，根据目前的认知水平，仍可通过海啸预警为预防和减轻海啸灾害做出一定的贡献。海啸预警的物理基础在于地震波传播速度比海啸的传播速度快，所以在远处，地震波要比海啸早到达数十分钟乃至数小时，具体数值取决于震中距和地震波与海啸的传播速度。如能利用地震波传播速度与海啸传播速度的差别造成的时间差分析地震波资料，快速、准确地测定出地震参数，并与预先布设在可能产生海啸的海域中的压强计（不但应当有布设在海面上的压强计，更应当有安置在海底的压强计）的记录相配合，就有可能做出该地震是否会激发海啸、海啸的规模有多大的判断。

如果感觉到较强的震动，一定不要靠近海边、江河的入海口。海上船只听到海啸预警后应该避免返回港湾，海啸在海港中造成的落差和湍流非常危险。如果有足够时间，船主应该在海啸到来前把船开到开阔海面；如果没有时间开出海港，所有人都要撤离停泊在海港里的船只。海啸登陆时海水通常会升高或降低，如果看到海面后退速度异常快，立刻撤离到内陆地势较高的地方。

海啸的破坏力是巨大的，许多年来由海啸引发的人类死亡事件数不胜数，对人类生命和财产造成了严重威胁。目前，人类对地震、火山、海啸等突如其来的灾变，只能通过观察、预测来预防或减少它们所造成的损失，但还不能阻止它们的发生，所以，人类应该加强对海啸方面的科学研究。

知识链接 >>>

全球的海啸发生区大致与地震带一致。全球有记载的破坏性海啸大约有 260 次左右，平均六七年发生一次。发生在环太平洋地区的地震海啸就占了约 80%。而日本列岛及附近海域的地震又占太平洋地震海啸的 60% 左右，日本是全球发生地震海啸并且受害最深的国家。

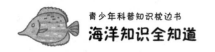
"发疯的魔鬼"飓风

飓风指大西洋和北太平洋东部地区强大而深厚的热带气旋，其意义和台风类似，只是产生地点不同。在北半球，国际日界变更线以东到格林尼治子午线的海洋洋面上生成的气旋称之为"飓风"，而在国际日界变更线以西的海洋上生成的热带气旋称之为"台风"。飓风也泛指狂风和任何热带

气旋以及风力达 12 级以上的任何大风，它是在大气中绕着自己的中心急速旋转的、同时又向前移动的空气涡旋。飓风中心有一个风眼，风眼越小，破坏力越大。

飓风的危害巨大。它所经之处，房屋被摧毁，道路被淹没，树木被连根拔起，船只被抛至岸边，可能造成电力和交通瘫痪。飓风还常常引起大范围的洪涝灾害，甚至导致海啸、山崩、泥石流和滑坡等严重的自然灾害，破坏力不亚于核爆炸。1992 年，"安德鲁"飓风给美国造成 265 亿美元的财产损失，但与"卡特里娜"相比，还是小巫见大巫。密西西比州州长巴

伯痛心地说："'卡特里娜'使得建筑物全部消失。我可以想象，这就是广岛 60 年前的样子。"2005 年的"卡特里娜"飓风仅在路易斯安那州造成的死亡人数，就可能超过 1 万人。2008 年，"古斯塔夫"飓风袭击的新奥尔良几乎成为一片汪洋。在美国新奥尔良及沿岸城市，有将近 190 万人被撤离，超过 1100 万人受到影响。2011 年，飓风"艾琳"带着超强破坏力"入侵"美国，它在户外肆意破坏，美国东海岸的 10 个州进入紧急状态，约 230 万居民进行了撤离行动。

《国家科学院学报》刊文称，科学家们最新研究发现海洋温度升高是引起飓风频发最主要的原因，而造成海洋温度升高的最主要原因则是人为因素，人类已经在大气中排放了过量的二氧化碳，而正是这些二氧化碳引起了这一系列的恶性循环事件。由此，一些科学家就开始研究是否变暖的地球会带来更强盛的、更具危害性的热带风暴。

不同飓风都有不同的名字代号，为什么要给飓风取名字呢？这些名字是怎么取得呢？当有两个或者更多的飓风同时产生时，用名字来代表飓风大大地减少了不必要的混淆。因此给飓风起一个有人情味的、简单容易记忆的名字就显得非常重要了。多年的实践表明，给飓风起一个简短的、有特色的名字，在实际应用中，要比以前用其经纬度来代表飓风要快且不容易出错。对那些分布在不同地方的站点、分机场、沿海基准站以及海上船只之间互通关于飓风的详细信息是非常重要的。第二次世界大战时期，美国人首先确定了以英文字母（除了 Q、U、X、Y、Z 以外）为字头的四组少女名称给大西洋热带气旋（飓风）命名。每组均按字母顺序排列次序。如第一组：Anna(安娜),Blanche(布兰奇),Camille(卡米尔) 等，直到 Wonda(温达)；第二组：Alnla (阿尔玛)，Becky (贝基)，Cella (西利亚) 等，直到 Wina (温娜)；第三组，第四组也按 A 至 W 起名。当飞机侦察到台风时，即按出现的先后给予定名，第一个即命名为 Anna，第二个即命名为 Blanche……当第一组名称用完，又从第二组 A 为首的第一个名称接着使用。第二年的第一个台

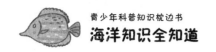
风名字是接在上一年最后一个台风名字后面的，如此循环使用下去。

一年中任何一个区域出现的台风不可能超过这四组名字的总数目。就以世界上台风发生最多的西北太平洋来说，一年最多也不超过 50 个，所以在同一年里，每个区域不可能出现重复的名称。当然，在不同的年份里台风的名字会重复出现。因此，在台风名字的前面。一定要标明年份，以示区别。

飓风是可怕的，怎样预防飓风的侵袭是重中之重，飓风警报通常在其可能到来前 24 小时发布，这时，要开始加固门窗、房顶，储备好饮用水、食品、衣物和照明用具；远离海滨、河岸，这些地方都将会被破坏得很严重，并伴随有洪水和大浪，逗留在此，会造成生命危险，因此最好待在坚固的建筑物里或地下室中；如果没有坚固的建筑物，则躲到飓风庇护所，走前别忘了切断屋中的电源；不要在刮飓风时行走，那是极度危险的，如果迫不得已，应躲开飓风即将经过的路线。

知识链接 >>>

国际上统一的热带气旋命名法是事先由热带气旋形成并影响的周边国家和地区共同制定的一个命名表，然后按顺序年复一年地循环重复使用。西北太平洋和南海的热带气旋新的命名表共有 140 个名字，分别由世界气象组织所属的亚太地区的 11 个成员国和 3 个地区提供，按顺序分别是柬埔寨、中国大陆、朝鲜、中国香港、日本、老挝、中国澳门、马来西亚、密克罗尼西亚、菲律宾、韩国、泰国、美国以及越南。这套由 14 个成员提出的 140 个台风名称按顺序年复一年地循环重复使用。当一个热带气旋造成某个或多个成员国家的巨大损失，这个气旋所使用的名称将会永久除名，然后再补充一个新的名字。

"沉默的爆发者"海底火山

海底火山是形成于浅海和大洋底部的各种火山，包括死火山和活火山。海底火山喷发时，在水较浅、水压力不大的情况下，常有壮观的爆炸。这种爆炸性的海底火山爆发时，会产生大量的气体，主要是来自地球深部的水蒸气、二氧化碳及一些挥发性物质，还有大量火山碎屑及炽热的熔岩喷出，在空中冷凝为火山灰、火山弹、火山碎屑。

火山喷发后留下的山体都是圆锥形。据统计，全世界共有海底火山两万多座，太平洋就拥有一半以上。这些火山中有的已经衰老死亡，有的正处在年轻活跃时期，有的则在休眠，不一定什么时候苏醒又"东山再起"。

海底火山统称为海山。海山的个头有大有小，一二千米高的小海山最多，超过5千米高的海山就少得多了，露出海面的海山（海岛）更是屈指可数。1963年11月15日，在北大西洋冰岛以南32千米处，海面下130米的海底火山突然爆发，喷出的火山灰和水汽柱高达数百米，在喷发高潮时，火山灰烟尘被冲到几千米的高空。经过一天一夜，到11月16日，人们突

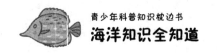
然发现从海里长出一个小岛。人们目测了这个小岛的大小，高约 40 米，长约 550 米。海面的波浪，拍打冲走了许多堆积在小岛附近的火山灰和多孔的泡沫石，人们担心年轻的小岛会被海浪吞掉，但火山在不停地喷发，熔岩如注般地涌出，小岛不但没有消失，反而在不断地扩大长高。经过 1 年的时间，到 1964 年 11 月底，新生的火山岛已经长到海拔 170 米高，1700 米长了，这就是苏尔特塞岛。两年之后，1966 年 8 月 19 日，这座火山再度喷发，水汽柱、熔岩沿火山口冲出，高达数百米，喷发断断续续，直到 1967 年 5 月 5 日才告一段落。在这期间，小岛也趁机"发育成长"，快时每昼夜竟增加面积 0.4 公顷，火山每小时喷出熔岩约 18 万吨。

美国的夏威夷岛也是海底火山的功劳。它拥有面积 1 万多平方千米，岛上有居民 10 万余众，气候湿润，森林茂密，土地肥沃，盛产甘蔗与咖啡，山清水秀，有良港与机场，是旅游的胜地。夏威夷岛上至今还留有 5 个盾状火山，其中冒纳罗亚火山海拔 4170 米，它的大喷火口直径达 5000 米，常有红色熔岩流出，1950 年曾经大规模地喷发过，是世界上著名的活火山。

地球上的火山活动主要集中在板块边界处，大多分布于大洋中脊与大洋边缘的岛弧处，板块内部也有一些火山活动。太平洋周围的地震火山，释放的能量约占全球的 80%。海底火山可分为 3 类，一种是边缘火山，沿大洋边缘的板块俯冲边界，展布着弧状的火山链。它是岛弧的主要组成单元，与深海沟、地震带及重力异常带相伴生。另一种是洋脊火山，大洋中脊是玄武质新洋壳生长的地方，海底火山与火山岛顺中脊走向成串出现。据估计全球约 80% 的火山岩产自大洋中脊，中央裂谷内遍布在海水中迅速冷凝而成的枕状熔岩。还有一种是洋盆火山，散布于深洋底的各种海山，包括平顶海山和孤立的大洋岛等，是属于大洋板块内部的火山。

我国陆地上的火山已经有较多记载，如雷琼（雷州半岛和海南岛）火山群、长白山火山、藏北火山及大同火山群等；在我国海底，同样有火山存在，台湾自 8600 万年前就开始有火山活动，断断续续的火山活动，在台湾岛的北端、东边和南部留下不同时期喷发的火山。台湾东南海上的绿岛、蓝屿、小蓝屿，台湾北部外海的彭佳屿、棉花屿、花瓶屿、基隆岛和龟山岛等，原来都是 300 万年以来因海底火山喷发形成的。高尖石位于西沙群岛东部东岛的西南方 14 千米的东岛大环礁西缘，这个面积不足 300 平方米、呈 4 级阶梯状的小岛，实为海底火山的露头。在岩石鉴定中发现，在火山碎屑岩中夹有珊瑚和贝壳碎屑。可以想象在 200 万年前，地动海啸，热气浓烟冲出海面，在上空翻腾，震撼着西沙海区。据岩层倾向分析，当时的喷发中心在高尖石的东北方。

知识链接 >>>

全球 10 座最为壮观的海底火山便是夏威夷摩罗基尼坑火山、美国加州莫洛岩石、苏特西岛海底火山、冰岛埃尔德菲尔火山、日本硫黄岛附近海底火山、新西兰兄弟火山、海利火山、日本 NW– 罗塔火山、加勒比海基克姆詹尼海底火山、南极洲布兰斯菲尔德海峡海底火山。

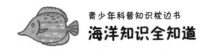

"危险的袭击者"疯狗浪

　　对"疯狗浪"这个词，人们可能感到陌生。疯狗浪究竟是什么？疯狗浪是渔民对一种巨浪的称呼。台湾媒介多有报道关于在台湾东北部海岸戏水、垂钓或游览等活动时，有人被突如其来的大浪卷入海中的悲剧发生。

即便水性强的渔民在捕捞作业时，遇上疯狗浪也无法幸免于难。由于此种突如其来的大浪非常危险，因此，当地民众称之为"疯狗浪"。

　　疯狗浪是一种长波浪，它是由各种不同方向的小波浪汇集而成，遇到礁石或是岸壁即突然强力撞袭而卷起猛浪，它也可能是由许多碎浪组合而成一条较长的波浪，遇到V形海岸即有极大的冲击力。该海浪的生成起因于风的送刮，持续的东北季风吹刮与同类风速共振的波浪，往往生成巨大的涌浪，这层巨大的厚水块到达岸边后，将作用力倾泻于海滨某一海角，崩塌的浪块就是疯狗浪。

　　疯狗浪是一种俗称，以疯狗来形容此种波浪凶险害人。凶猛强烈的海浪，不断地侵袭海岸，岸边有人垂钓或游泳，则很容易被海浪卷入，这是"第一类型疯狗浪"——如同真正的疯狗，见到人就攻击，避免灾害的方式，就是远离它。天气良好，海上平静无风，突然在岸边出现一道大浪，冲击海岸，此时如果岸上有人，则很容易被卷入海中，这是"第二类型疯狗浪"——如同正常的狗，突然张口咬人，很难预防。

台湾东北部受地形影响是最常出现疯狗浪的地区。报界对疯狗浪的成因有以下几种说法：一是发生前海面相当平静，出现的征兆是海面突然降得很低，然后可以看到稍前方的海面上有排浪推进，如果及时发现，还有足够的时间躲开。疯狗浪发生时，有时达数层楼高，常将游客、钓客甚至车辆卷入海中，令人防不胜防。前些年，每年都有垂钓者在这里被俗名为疯狗浪的浪卷走的事发生。如台湾联合报以"八斗子巨浪卷走十余钓客，九人获救，两人受伤，数人失踪连夜搜救"为题，报道了发生于1984年10月14日的一次疯狗浪。据报道，当时，天气很好，微风拂熙，海面微波荡漾，晚上有十几名钓鱼的人在基隆市八斗子渔港防波堤末端钓鱼，8时许，即有一名钓友被大浪卷走，但其余的人仍在该处垂钓。10时30分，突然有一大浪打上来，有四五个钓友被打下防波堤，其余六七人欲奔向安全地点时，又被卷来的大浪全部打入海中。经过在场数百名钓友和警方的抢救，有9人获救，但仍有几人被大浪卷走。就在这一夜，在基隆港的另一端也发生了有10名钓客落海事件。

事实上，疯狗浪并非只危及岸边的垂钓者，海上作业的渔船有时也无法幸免于难。1991年8月7日凌晨苏澳地区就有5艘作业渔船遭十多米高的疯狗浪侵袭而翻覆，造成1人死亡2人失踪。疯狗浪对航运、港湾设施、海洋及海岸工程等都有潜在威胁。巴拿马籍"安士玛"号货轮，在宜兰外海遇上疯狗浪，在甲板上工作的5名船员被卷落海中，其中2名船员不治身亡，另3人重伤。这艘近6000吨的货轮是在驶往韩国的途中遭遇到疯狗浪的。

疯狗浪吞噬人命的事在香港和大陆沿海也有发生。据香港成报1994年12月28日报道，港岛石港后滩一批中学生在临海边岩石上观赏浪花，突

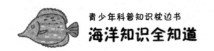
然翻起一个大浪，将其中一名学生卷入大海致其失踪。在我国大陆沿海的一些地区也多次发生过疯狗浪卷走人的事件。例如，1992年9月1日下午，一名教师携女儿到青岛市鲁迅公园海滨游玩，在岸边的一块礁石旁给女儿留影，在按下快门的瞬间，大浪突然袭来，将心爱的女儿卷入海中，不幸遇难。

一次疯狗浪的死伤人数少则一两人，多则十几人。据我国台湾媒体报道，曾经发生严重的一次，浪有三层楼高，把停在岸边的小轿车也卷入海中。据此，基隆市不得不决定在一些岸段禁止垂钓、游览。

知识链接 >>>

疯狗浪成因的研究有待深入。台湾有关专家比较一致的看法，疯狗浪是长涌浪造成的，而台风与季风都有可能产生长涌浪。有部分疯狗浪事件确与台风有关，这已被台湾和大陆沿海的观测事实所证实。根据台湾多位学者的看法，疯狗浪很可能是由东北季风、台风、地形、波浪、潮流等原因造成，然而，何种原因起重要作用，又在哪一种地形或哪一种风向、流速情况下最可能发生，需进一步研究。

危险的"海雪"

最早发现"海雪"的是美国的一位生物学家，他发现"海雪"是由浮游生物组成的絮状物，便称之为"浮游生物雪"。深海潜水器的发明使人们能够潜入深海进行观察，"海雪"也因此被人们发现。

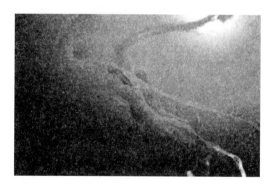

"海雪"主要由微小的死亡有机物和活有机体结合而成，其中包括一些裸眼可见的甲壳动物，例如小虾和桡脚类动物。事实上，形成"海雪"的东西不只是浮游生物，海水中各种各样的悬浮着的颗粒，诸如生物体死亡分解的碎屑、生物排泄的粪便团粒、大陆水流携带来的颗粒等，都是制造"海雪"的原料。这些颗粒相互碰撞结合，变成较大的颗粒，便像滚雪球一样越滚越大，形成大型絮状悬浮物，这就是所谓的"海雪"。所以学者也称"海雪"为"大型悬浮物"。

如果把它们从海水中取出来，所看到的不过是些絮状的松散的东西，既没有雪花的洁白晶莹，也没有雪花的美丽多姿，很难想象这种东西竟能在海水中创造出"海雪"奇景。这种奇异的深海现象主要是由生活在表层

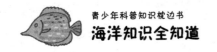
海水中的原生生物和细菌引起的。在光合细胞的代谢过程中，代谢生成的营养物质——黏多糖常常会泄漏到外界。这种化合物拥有与蜘蛛丝类似的形态，呈线形且高黏度。漂浮在水中，丝状的黏多糖会黏连上许多的小微粒，如悬浮的球状排泄物、死亡的动植物身体组织等。随着粘连的物质越来越多，黏多糖的重量便超过海水提供的浮力而开始向海底下沉。从海底的角度观察，其景象就好像大片的雪花从天空中飘落。当表层海水的生产率很高时，大量的黏多糖沉降可以在海底形成暴风雪般的景象。

海雪密度非常大，人根本无法在其内部游泳。1991 年，意大利海洋生物学家塞丽娜·方达·尤玛尼在亚得里亚海里的一个黏液团附近游泳，她潜到大约 15 米深时，突然感觉像有一个幽灵在自己的上面，这是一种非常陌生的体验。她试图潜入海雪里，那种感觉就像是在糖浆里游泳。游出海水后，干燥的"糖分"使她的头发变硬，衣服紧紧贴在身体上，衣服上的黏液根本无法彻底洗干净。

1729 年，人们首次在地中海确认这种泡沫状物质，而且在这一地区很常见。近海的相对平静，为黏液形成提供了理想环境。为了这项研究，达诺瓦罗和同事们对 1950 年到 2008 年的黏液物质报告进行了调查。他们发现，当海洋表面温度比平均温度更高时，这种物质会大规模爆发。这种黏液物质在夏季自然形成，经常出现在地中海沿岸。夏季的温暖天气使海水更加平静，这种情况导致有机物更易结合在一起，形成泡状物。现在由于气温更高，黏液物质甚至在冬季也会形成，而且会持续好几个月。

据这项研究的领导者、意大利马尔凯理工大学海洋学系主任罗伯托·达诺瓦罗表示，迄今为止，这种浅棕色"黏液"一般被视为一种令人讨厌的东西，它形成的黏性胶状膜可堵塞渔网，黏在游泳的人的身上，发出一股怪味。达诺瓦罗表示，在地中海黏液物质里发现了大量细菌和病毒，其中包括具有潜在致命危险的大肠杆菌。《公共科学图书馆·综合卷》上曾指出，这些病原体对游泳的人和鱼类及其他海洋生物具有致命威胁。那些别无选择、只能游过黏液团的鱼类和其他海洋动物最易遭受这种物质携带的病菌侵袭，甚至可能夺去大型鱼类的性命。达诺瓦罗表示，这种有毒黏液团还能困住海洋生物，封住它们的鳃，使它们窒息而亡。最大的黏液团能沉入海底，它就如同一条巨大的地毯，使海底生物窒息。

海雪并不美丽，反而存在一定的危害，不仅威胁着海洋游泳者的健康，更重要的是在一步步侵蚀着海洋中的生物，破坏着生态系统。我们应该重视起来，运用科学的方法解决这一危害。

知识链接 >>>

黏液团不只是地中海地区的一大安全隐患，从北海到澳大利亚，这种物质可能遍及所有海洋，这种情况可能是由气温升高造成的。达诺瓦罗认为，如果我们不对气候变暖采取一些措施，地球将发生重大变化；如果我们继续否认科学证据，这就是我们将面临的严重后果。

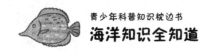
奇妙的"海底烟囱"

"海底烟囱"在大洋中脊或弧后盆地扩张中心的热液作用过程中，由于热液与周围冷的海水相互作用，使热液喷出口附近形成几米至几十米高的羽状固体 - 液体物质柱子，因其形似烟囱，

因此称为"海底烟囱"。美国加利福尼亚州蒙特雷水族生物研究所海洋地质学家德布拉·斯特克斯认为，海底黑烟囱的构筑绝非仅仅是地质构造活动的结果，其中神奇莫测的热泉生物建筑师的艰辛劳作也功不可没，在烟囱中起着至关重要的作用。因组分和温度差异，形成黑、白两种不同的烟囱：一般海水温度达300℃—400℃时，形成"黑烟囱"，是暗色硫化物矿物堆积所致，主要矿物有磁黄铁矿、闪锌矿和黄铜矿；而温度为100℃—300℃时，则形成"白烟囱"，主要由硫酸盐矿物（硬石膏、重晶石）和二氧化硅组成，在烟囱附近散落有暗色硫化物和硫酸盐矿物并形成基地小丘、分散小丘等。

现代海底"黑烟囱"的研究始于1977年，当时，美国的"阿尔文"号载人潜艇在东太平洋洋中脊的轴部采得由黄铁矿、闪锌矿和黄铜矿组成的硫化物。1979 年又在同一地点 1650—2610 米的海底熔岩上，发现了数十个冒着黑色和白色烟雾的烟囱，约 350℃ 的含矿热液从直径约 15 厘米的烟囱中喷出，与周围海水混合后，很快产生沉淀变为"黑烟"。海底"黑烟囱"属于地壳活动在海底反映出来的现象，它分布在地壳张裂或薄弱的地方，如大洋中脊的裂谷、海底断裂带和海底火山附近。大西洋、印度洋和太平洋都存在大洋中脊，它高出洋底约 3000 米，是地壳下岩浆不断喷涌出来形成的。洋脊中都有大裂谷，岩浆从这里喷出来，并形成新洋壳，两块大洋地壳从这里张裂并向相反方向缓慢移动。在洋中脊里的大裂谷往往有很多热泉，热泉的水温在 300℃ 左右，大西洋的大洋中脊裂谷底，其热泉水温度最高可达 400℃。在有火山活动的海洋底部，也往往有热泉分布。

海底"黑烟囱"的形成主要与海水及相关金属元素在大洋地壳内热循环有关。由于新生的大洋地壳温度较高，海水沿裂隙向下渗透可达几千米，在地壳深部加热升温，溶解了周围岩石中多种金属元素后，又沿着裂隙对流上升并喷发在海底。由于矿液与海水成分及温度的差异，形成浓密的黑烟，冷却后在海底及其浅部通道内堆积了硫化物的颗粒，形成金、铜、锌、铅、汞、锰、银等多种具有重要经济价值的金属矿产。世界各大洋的地质调查都发现了"黑烟囱"的存在，并主要集中于新生的大洋地壳上。

在很久以前，许多科学家都认为深海海底是永恒的黑暗、寒冷及宁静，不可能有所谓的生命。但是 1979 年，科学家首次在 2700 千米的海底发现热泉，并观察到和已知生命极为不同的奇特生命形式，进而改变了对地球生命进化的认知。2000 年 12 月 4 日，科学家又在大西洋中部发现另一种热泉，结构完全不同，他们把它命名为"失落的城市"，再度引发了科学家对海底热泉的研究热潮。海底热泉是指海底喷泉，原理和火山喷泉类似，喷出来的热水就像烟囱一样，发现的热泉有"白烟囱""黑烟囱""黄烟囱"。在宜兰龟山岛所发现不断往上喷出的海底热泉，是一种"黄烟囱"，这是因

为海底冒出大量硫黄所造成的现象，也是近年来发现最大的近海海底热泉，水深从二三千米到三十几千米，约有八九处之多。在深海热泉泉口附近均会发现各式各样前所未见的奇异生物，包括大得出奇的红蛤、海蟹、血红色的管虫、牡蛎、贻贝、螃蟹、小虾，还有一些形状类似蒲公英的水螅生物。

海底烟囱，可反映热液作用不同阶段的物质来源和温度条件，在其附近水温达 300℃ 以上，压力也很大，但周围生长有许多奇特的蠕虫、贝类生物群体，似白烟雪球。它们有时会消失得无影无踪，可能与热液喷口周围温度及物质变化有关。这种生物现象，被认为是当代生物学的奇迹，已有不少学者以此作为探索生命起源和演化的重要线索。在"黑烟囱"喷出的热液里富含硫化氢，这样的环境会吸引大量的细菌聚集，并能够使硫化氢与氧作用，产生能量及有机物质，形成化学自营现象。这类细菌会吸引一些滤食生物，或者是形成能与细菌共生的无脊椎动物共生体，以氧化硫化氢为营生来源，一个以化学自营细菌为初级生产者的生态系统便形成了。

知识链接 >>>

现代海底"黑烟囱"及其硫化物矿产的发现，是全球海洋地质调查近 20 年中取得的最重要的科学成就之一，因其和海底成矿、生命起源等重大问题有关而成为国际科学前沿。

"特殊的光芒"海火

海发光现象不仅有一定的观赏价值，而且更为重要的是具有相当的实用价值。因为几乎所有发光生物的光亮，全在人类视觉范围以内。据有人记载：一个瓜水母发出的光，能识别人的面孔；6个平均体长27毫米的挪威磷虾，把它装在能盛两升水的玻璃杯中，其发出的光完全可以读报。因此，海发光现象，不仅是海洋生物学领域中的研究课题

之一，在国防、航运交通及渔业上均有一定的实用价值。例如：在作战时期，舰艇夜间在发光海区航行时，就有可能暴露目标；在渔业上，可利用海火来寻找鱼群；在舰运交通上，海火可以帮助航海人员识别航行标志和障碍物，避免触礁等危险。

此外，由于海洋生物的发光是冷光（不放热），可利用连续发光的细菌做成人工的细菌灯。细菌灯安全可靠，被广泛用于火药库、油库、弹药库等严禁烟火的场所。在第二次世界大战中，日本军队曾用细菌灯作为夜间的联络信号等。可见，海发光的用途是十分广泛的。

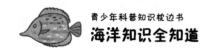

海火实可以分为三种，即：火花型（闪耀型）、弥漫型和闪光型（巨大生物型）。每一类型按其光亮的强度划分为五级，从微弱光亮到可以看见的光亮。火花型发光是由小型或微型的发光浮游生物受到刺激后引起的发光，是最为常见的一种海发光现象。弥漫型发光，主要由发光细菌发出的，它的特点是海面呈一片弥漫的乳白色光泽。闪光型发光，是由大型动物，如水母、火体虫等受到刺激后发出的一种发光现象。

海火是怎么产生的呢？关于这个问题目前有三种说法。

说法一：是水里会发光的生物受到扰动而发光所致。如拉丁美洲大巴哈马岛的"火湖"由于繁殖着大量会发光的甲藻，每当夜晚便会看到船桨的摆动所激起万点"火光"。现在已知会发光的生物种类还有许多细菌和放射性虫、水螅、水母、鞭毛虫以及一些甲壳类、多毛类等小动物。因此，人们推测，当海水受到地震或海啸的剧烈震荡时，便会刺激这些生物，使其发出异常的光亮。然而，另一些研究者对此持有异议。他们提出，在狂风大浪的夜晚，海水也同样受到激烈的扰动，为什么却没有刺激这些发光生物，使之产生海火？他们认为海火是一种与地面上的"地光"相类似的发光现象。

说法二：是海洋中发光浮游生物大面积密集而引起海水发光的现象。最常见的发光浮游生物有甲藻纲的夜光藻，辐足纲的胶体虫，水螅纲的多管水母，钵水母纲的游水母，有触手纲的侧腕水母，无触手纲的瓜水母，有针亚纲的针纽虫，头足纲的耳乌贼，多毛纲的毛翼虫，甲壳纲的海萤，等等。发光机制包括细胞内发光和细胞外发光两类，前者较普遍，以夜光藻为代表；后者为从生物体排放出来的某些腺体中含有能发光的物质。两者都是通过化学反应将化学能转变为光能。

说法三：电流机制说。美国一些学者对圆柱形的花岗岩、玄武岩、煤、大理岩等多种岩石式样进行压缩破裂实验时发现：当压力足够大时，这些式样会产生爆炸性碎裂，并在几毫秒内释放出一股电子流，电子流激发周围气体分子发出微光。如果把样品放在水中，则碎裂时产生的电子流能使水发光。当强烈地震发生时，广泛出现的岩石爆裂，足以发出使人感到炫目耀眼的亮光。所以，他们认为，地震海火的产生与这种机制有关。

1933年3月3日凌晨，日本三陆海啸发生时，人们看到了更奇异的海火。波浪涌进时，浪头底下出现三四个像草帽般的圆形发光物，横排着前进，色泽青紫，像探照灯那样照向四面八方，光亮可以使人看到随波逐流的破船碎块。一会儿，互相撞击的浪花把这圆形的发光物搅碎，随之就不见了。

1975年9月12日傍晚，江苏省近海朗家沙一带，海面上发出微微的光亮，随着波浪的起伏跳跃，那光亮像燃烧的火焰那样翻腾不息，一直到天亮才逐渐消失。第二天傍晚，亮光再现，亮度更强。以后逐日加强，到第七天，海面上涌现出很多泡沫，当渔船驶过时，激起的水流明亮异常，如同灯光照耀，水中还有珍珠般闪闪发光的颗粒。几小时以后，这里发生了一次地震。

1976年7月28日唐山大地震的前一天晚上，秦皇岛、北戴河一带的海面上也有这种发光现象。尤其在秦皇岛油码头，人们看到当时海中有一条火龙似的明亮光带。

虽然海火常出现在地震或海啸前后，但其产生的原因还需进一步的实验研究。

知识链接 >>>

海发光现象在中国沿海有着广泛的分布。其中以火花型发光为主，到处有分布；弥漫型发光只有闽、粤少数地方出现过；闪光型发光只出现闽、粤、琼、桂沿海。从海发光的强度来看，南、北方沿海是不同的。北方的辽宁、河北、山东和苏北沿海比较低，一般只能勉强可见，最强不过显目可见。南方沿海如浙、闽、粤、琼、台、桂均较高，一般均清晰可见，其中台山、三沙、北菱、云澳、遮浪、闸坡等，是我国沿海海发光最强的地方。

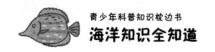
"上天的坏孩子"厄尔尼诺

厄瓜多尔、秘鲁等国家的渔民们发现，每隔几年，从10月至第二年的3月便会出现一股沿海岸南移的暖流，使表层海水温度明显升高。南美洲的太平洋东岸本来盛行的是秘鲁寒流，随着寒流移动的鱼群使秘鲁渔场成为世界四大渔场之一，但这股暖流一出现，性喜冷水的鱼类就会大量死亡，渔民们就会遭受灭顶之灾。由于这种现象往往在圣诞节前后最严重，于是遭受天灾而又无可奈何的渔民将其称为上帝之子——圣婴。后来，气

象学家与海洋学家把厄瓜多尔至秘鲁赤道东太平洋沿岸一带海水温度异常偏高的现象称之为"厄尔尼诺"事件。

厄尔尼诺又称厄尔尼诺海流，是太平洋赤道带大范围内海洋和大气相互作用后失去平衡而产生的一种气候现象，就是沃克环流圈东移造成的。正常情况下，热带太平洋区域的季风洋流是从美洲走向亚洲，使太平洋表面保持温暖，给印度尼西亚周围带来热带降雨。但这种模式每2—7年被打乱一次，使风向和洋流发生逆转，太平洋表层的热流就转向东走向美洲，

随之便带走了热带降雨，出现所谓的"厄尔尼诺现象"。

厄尔尼诺现象的基本特征是太平洋沿岸的海面水温异常升高，海水水位上涨，并形成一股暖流向南流动。它使原属冷水域的太平洋东部水域变成暖水域，其结果会引起海啸和暴风骤雨，造成一些地区干旱，另一些地区出现降雨过多的异常气候现象。

厄尔尼诺对渔业和气候有一定的影响。南美沿岸原本是冷水上规区，也称之为冷水涌升区。水中有丰富的浮游生物，是鳀鱼的最好食物，但若冷水上翻减弱，由于浮游生物大量减少，鳀鱼就会因缺少食物而大量死亡，这会严重影响当地的渔业生产和经济收入。

从气象方面来说，当厄尔尼诺现象发生时，不仅会使热带环流和气候发生异常，甚至还会引起全球范围内的大气环流异常，出现较大范围的干旱、洪水、低温冷害等灾害性天气。20世纪60年代以后，随着观测手段的进步和科学的发展，人们发现厄尔尼诺现象不仅出现在南美等国的沿海区域，而且遍及东太平洋沿赤道两侧的全部海域以及环太平洋国家，有些年份，甚至印度洋沿岸也会受到厄尔尼诺带来的气候异常的影响，发生一系列自然灾害。

在气候预测领域，厄尔尼诺是迄今为止公认的最强的年际气候异常信号之一。它常常会使北美地区当年出现暖冬，南美沿海持续多雨，还可能使得澳大利亚等热带地区出现旱情。据统计，较强的厄尔尼诺现象每次都会导致全球性的气候异常，由此带来巨大的经济损失。1997年12月就出现了20世纪末最严重的一次厄尔尼诺现象。海水温度的上升常伴随着赤道辐合带在南美西岸的异常南移，使本来在寒流影响下气候较为干旱的秘鲁中北部和厄瓜多尔西岸出现频繁的暴雨，造成水涝和泥石流灾害。厄尔尼诺现象的出现常使低纬度海水温度年际变幅达到峰值，因此，不仅对低纬大气环流，甚至对全球气候的短期振动都具有重大影响。中国1998年夏季长江流域的特大暴雨洪涝就与1997—1998年厄尔尼诺现象密切相关。

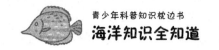

始于 2014 年秋季、终于 2016 年 6 月的厄尔尼若事件，是 20 世纪以来最强的厄尔尼诺事件。这次厄尔尼若的强度在 2014 年末达到过一个峰值后，于 2015 年初曾经回落；但 2015 年春季起，赤道太平洋从表层的强烈西风应力异常到温跃层的强烈暖性开尔文波发展，这一切都宣告着一次强烈厄尔尼诺事件即将展开。很快，2015 年 8 月的 Nino3.4 区海温距平（即偏离气候平均态的程度，可以衡量厄尔尼诺事件强度）便超过 2.0℃——这是 21 世纪以来首次达到这一程度；而 2015 年 11 月，这一区域海温距平更是达到了 2.95℃，更是超过了 1997—1998 超强厄尔尼诺事件保持的纪录。而在整个北半球冬季（2015 年 12 月—2016 年 2 月），厄尔尼诺事件都维持了一个鼎盛状态，直到 3 月之后，温跃层层面上的异常冷水开始在南美沿岸向海面翻涌，赤道中东太平洋地区海温开始急剧下降，并最终在 5 月底回到了中性状态，厄尔尼诺事件也由此结束。

厄尔尼诺现象发生的当年，中国的夏季风会较弱，季风雨带偏南，北方地区夏季往往容易出现干旱、高温天气；厄尔尼诺可能会使冬季出现暖冬的概率增大；夏季东北地区出现低温的概率增大；西北太平洋的台风产生个数及在中国沿海登陆个数较正常年份偏少。由此可见，中国的气候也在厄尔尼诺现象的影响范围之内。

究竟是什么造成了厄尔尼诺现象呢？科学家对此一直众说纷纭，难有定论。一般认为，厄尔尼诺现象是太平洋赤道带大范围内海洋与大气相互作用失去平衡而产生的一种气候现象。在东南信风的作用下，南半球太平洋大范围内海水被风吹起，向西北方向流动，致使澳大利亚附近洋面比南美洲西部洋面水位高出大约 50 厘米。当这种作用达到一定程度后，海水就会向相反方向流动，即由西北向东南方向流动。反方向流动的这一洋流是一股暖流，即厄尔尼诺暖流，其尽头为南美西海岸。受其影响，南美洲西海岸的冷水区变成了暖水区，该区域降水量也大大增加。

后来，一些科学家对厄尔尼诺现象的成因提出了不同的看法，大致可分两大方面：一是自然因素。赤道信风、地球自转、地热运动等都可能与其有关；二是人为因素。即人类活动加剧气候变暖，也是赤道暖事件剧增的可能原因之一。

厄尔尼诺现象是周期性出现的，大约每隔2—7年出现一次。由于科技的发展和世界各国的重视，科学家们对厄尔尼诺现象通过采取一系列预报模型、海洋观测和卫星侦察、海洋大气偶合等科研活动，深化了对这种气候异常现象的认识。

厄尔尼诺现象在目前看来是上天带给人类的一个"坏孩子"，人类对它的探索仍在不断进行中。随着的科学技术的不断发展，也许某一天，这个"坏孩子"经过人类的改造，会成为人人欢迎的"好孩子"。

知识链接 >>>

拉尼娜是西班牙语"圣女"的意思，是厄尔尼诺现象的反相，也称为"反厄尔尼诺"或"冷事件"，它是指赤道附近东太平洋水温反常下降的一种现象，表现为东太平洋明显变冷，同时也伴随着全球性气候混乱，总是出现在厄尔尼诺现象之后。

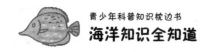
"100℃的热情"沸湖

沸湖位于加勒比海的多米尼加岛的偏远地区，处于岛南部火山区的山谷中。它是一个长90米、宽60米的小湖，虽然湖长不过90米，但是它却又陡又深，离岸不远处，湖水已深达90米。在湖水满时，从湖底喷上来的水汽可高达2米。整个湖面热气腾腾，就像一锅煮开的水，沸湖的名称就是这样得来的。此湖水温度很高，一些来此观光旅游者只要将生的食物投入湖中，不一会就煮熟了。近岸的湖水均温达华氏197°（约92℃）。这只是岸边水温，而湖中心的水温，由于常年沸腾，根本无法测量。没有人想驾着小皮船，拿着温度计，把自己往这口沸腾的大锅里送。

沸湖的这些热水是从哪里来的？原来，沸湖坐落在一个古火山口上，在地球深处地带有大量矿物质和含硫气体的炽热熔岩水，在上升时遇到古火山口通道，就会猛烈地向地表喷出，结果就形成了这个大自然中的奇观。由于沸湖沸腾时会散发出硫黄和别的有害气体，所以沸湖近处植被都已被毁，一片荒芜。

沸湖是由一眼间歇泉形成的。在湖底有一个圆形喷孔，当喷泉停歇时期，湖水会因缺乏水量补给而干枯。然而一旦喷发，则地动山摇、群山轰鸣，热流从湖底涌出，湖面烟雾缭绕，热气腾腾，有时还会形成二三米的水柱，冲天而起，十分壮观。地质学家认为，沸湖底的一个圆洞是一个巨大的间歇喷泉，这里过去是座火山，地下岩浆离地表较近，当地下水加热后，积聚了一定的压力，就通过岩石的缝隙向地面喷发出来，形成非常壮观的自然奇景。

有趣的是，西伯利亚原始森林里的卡赫纳依达赫湖，附近没有火山，湖水也会燃烧和沸腾。这里湖岸陡峭，高达20米，尽是些烧焦了的煤渣黏土。有一次，一个渔翁正在撒网捕鱼，突然发现湖水沸腾起来，接着冒出泡沫，一股蓝色火焰伴着浓烟冲向天空，许许多多煤块从湖里抛到岸上，他慌忙奔进森林躲避。过了一会儿，再次来到河边，湖面上浮满了煮熟的鱼。是谁将湖水煮沸的呢？原来，2000多年前，这里的地下煤层发生过燃烧，部分塌落成洼地，积水成湖。湖底的裂缝中聚集了大量可燃气体，东窜西跑的地下火，重回到原来的地方，引起燃烧，使湖水冒出热气，甚至使地层爆裂，这时，烟火带着煤块一起冲向天空。

沸湖的奇观常常令游人惊叹不已，吸引着世界各地的科学家和游客前去考察和观赏。

知识链接 >>>

我国最大的热水湖在西藏的羊八井地区，羊八井地区的热田盆地，地热资源非常丰富，地热显示种类多样，规模宏大。有温泉、热泉、沸泉、喷泉孔、热地、水热爆炸穴、热水上升的间歇喷气井、热水塘、热水沼泽等。

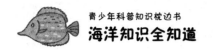
"大海观察者"海洋浮标

当在大海里航海，有时会遇见一个孤零零的、类似航标灯似的物体起伏于大海之中，它就是海洋浮标。海洋浮标是一种现代化的海洋观测装置，它具有全天候、稳定可靠的收集海洋环境资料的能力，并能实现数据的自动采集、自动标示和自动发送。海洋浮标与

卫星、飞机、调查船、潜水器及声波探测设备一起，组成了现代海洋环境主体监测系统。它对于海洋气象、水文以及国防安全都有着重要意义。海洋浮标是一个无人的自动海洋观测站，它被固定在指定的海域，随波起伏，如同航道两旁的航标。别看它在大海上毫不显眼，但它的作用却很大，它能在任何恶劣的环境下进行长期、连续、全天候的工作，每日定时测量并且发出10多种水文气象要素。

美国国家资料浮标中心是美国浮标技术研制和应用的主要部门，多年来一直从事浮体和锚泊系统、海洋和气象传感器、资料通信技术、店员系统等方面的研制工作。另外还有通用动力公司、得萨斯仪器公司等，都有

10年以上研制浮标的经验。就浮标的技术性能来讲，有高性能和限性能之分；按浮标的大小，可分为巨型、中型和小型；从浮标形状看，有圆盘形、圆柱形、船形、球形、圆筒形；以浮标的用途分，有工程试验浮标、环境试验浮标和标准环境浮标；根据浮标在海水中的状态可分为锚泊浮标和漂流浮标等。

一般来说，全项目的海洋浮标分为水上和水下两部分。水上部分装有多种气象要素传感器，分别测量风速、风向、气压、气温和湿度等气象要素；水下部分有多种水文要素的传感器，分别测量波浪、海流、潮位、海温和盐度等海洋传感要素。各传感器产生的信号，通过仪器自动处理，由发射机定时发出，地面接收站将收到的信号进行处理，就得到了人们所需的资料。有的浮标建立在离陆地很远的地方，便将信号发往卫星，再由卫星将信号传送到地面接收站。大多数海洋浮标是由蓄电电池供电进行工作的。但由于海洋浮标远离陆地，换电池不方便，现在有不少海洋浮标装备太阳能蓄电设备，有的还利用波能蓄电，大大减少了换电池的次数，使海洋浮标更简便、经济。

我国最早从事海洋技术研究的机构是山东省科学院海洋仪器仪表研究所，该研究所建于1966年，主要从事海洋技术理论和应用研究，海洋仪器设备研究、开发和生产。该研究所对海洋浮标的常规研究包括：气象、水温、水质方面。研究技术方向主要是四个：海洋动力环境监测技术，包括浮标、海洋台站气象水文波浪自动化设备等方面；海洋生态环境监测技术，研究海水中有机污染物及贵重金属元素测量设备及海洋赤潮动态监测分析预报系统等；海洋军用探测技术，主要研究水声警戒浮标系统、水下目标探测定位系统等；自动化控制技术及海洋环境观测设备，主要研究包括港口装备自动化控制技术，制冷设备工程自动化检测技术及计算机技术在海洋环境动态监测网络技术方面的应用。

我国第一个使用数字传输的大型海洋水文气象浮标是"南浮"一号全

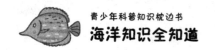
自动海洋浮标，于1980年研制成功。我国海洋浮标研究起步较晚，据有关部门匡算，我国沿海至少应布置40台左右大型持续业务化运行的浮标，而目前才有二十几台。随着我国经济实力的增强，海洋浮标网的建设也加快了步伐。尽管我国浮标研究起步晚，但起点高、发展快，研制水平已经和国际水平接轨。

南海是个海洋灾害多发区，海啸、海浪、赤潮、海平面上升等自然灾害频发。为了有效监测南海的各种灾害，尤其是海啸，我国2009年在南海建立了首个气象性海洋浮标。这是我国第一个专门的海啸监测浮标。相信通过监测信息反馈，沿海城市可以对多种海洋灾害进行更周全的预防。

知识链接 >>>

2012年8月4日，中国第五次北极科考队在北纬70°、东经3°的挪威海布放了中国首个极地大型海洋观测浮标，这是中国首次将自主研发的浮标和观测技术推广到北极海域，并利用大型浮标对海气相互作用进行连续观测。

"水中爆破手"水雷

水雷是一种布设在水中的爆炸性武器，它可由舰船的机械碰撞或由其他非接触式因素（如磁性、噪音、水压等）的作用而引爆，用于毁伤敌方舰船或阻碍其活动。与深水炸弹不同的是，水雷是预先施放于水中、由舰艇靠近或接触而引发的，这一点类似于地雷。水雷在进攻中可以封锁敌方港口或航道，限制敌方舰艇的行动。在防御中则可以保护本方航道和舰艇，为其开辟安全区。

这种最古老的水中兵器，它的故乡在中国。1558年明朝人唐顺之编纂的《武编》一中，详细记载了一种"水底雷"的构造和布设方法，它用于打击当时侵扰中国沿海的倭寇。这是最早的人工控制、机械击发的锚雷。它用木箱作雷壳，油灰粘缝，将黑火药装在里面，其击发装置用一根长绳索系结，由人拉火引爆。木箱下有一根绳索坠有3个铁锚，控制雷体在水中的深度。

水雷的引爆方式有以下几种：接触引爆，当物体与水雷碰撞，触发内

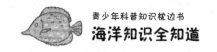
部炸药达到攻击目的。压力引爆，当船只经过的时候，水雷内部传感器在判断压力发生变化时就会引爆，只要通过水雷附近都可能引发，有效范围较大。声响引爆，利用船只发出的声音信号作为引爆的依据，不需要与物体有直接的接触，有效范围较大。磁性引爆，绝大多数的船只在结构上是以会与地球磁场产生交互影响的材料建造，当船只通过水雷附近区域时，周遭的磁场会受到干扰而产生变化，水雷利用内部的传感器判读磁场的变化来决定引爆的时机。磁场不稳定的区域可能无法有效工作或者是发生意外爆炸的情况。现代的扫雷艇、扫雷舰往往都会用非磁性材料制作，如玻璃钢、铝合金等，以避免触发磁性水雷。数目引爆，较为精密的非接触引信设计，加上数目记忆的功能，不会在侦测到第一个符合引爆设定的目标时就启动引信，而是会记录侦测到的目标数目，直到累积的数量与预先设定相符合的时候才引爆。遥控引爆，以防御性质部署的水雷可以利用有线或者是无线的方式，由岸上或者是船上的管制中心在适当的时机引爆，其中又以有线的方式最常使用。这种引爆方式只有在收到指定的信号时才会爆炸。

水雷历来是海战的一种重要战略性武器，它造价低廉，可大批量采购和生产，在战争中能发挥很大的作用。早在第一次世界大战期间，交战双方共布设水雷31万枚，击沉600吨以上的水面舰艇148艘，占沉没总数的27%；击沉潜艇54艘，占沉没总数的20%；击沉商船586艘，计122万吨。第二次世界大战期间，交战双方共布设水雷80万枚，击沉水面舰艇223艘，毁伤舰船总数约3700艘。此间，最著名的水雷封锁战役是美国对日本进行的"饥饿战役"。从1945年3月27日到同年8月15日，美国出动1424架次的B-29轰炸机，在日本海上航道布设了12053枚水雷，击沉击伤其舰船670艘，总吨位近140万吨，使75%以上依赖海运的日本处于极度饥饿和贫困之中。

战后，水雷在战争和危机中也得到了广泛的应用。在1950—1953年的朝鲜战争中，朝鲜军民布放了 3500 枚水雷，有效地抗击了美军的登陆行动。其中，元山港雷阵使载有 5 万人的 250 艘登陆舰在海上滞留了 8 天之久。1972 年 5 月，美国在越南大量空投水雷封锁港口和航线，使航运被迫停止 8 个月之久。

1984 年 7 月，苏联、利比里亚、日本、巴拿马和中国等国的 18 艘商船在红海水域触雷被炸。应埃及政府要求，美、苏、英、法、意等国先后派出 30 余艘现代化扫雷舰艇和 7 架扫雷直升机前往扫雷，结果一无所获，红海水雷事件至今仍是个谜。1991 年 1 月，在海湾战争爆发前后，伊拉克在波斯湾布设了 1300 多枚水雷，共 16 种型号。这些水雷有效地迟滞了美军的海上行动，动摇了海上大规模抢滩登陆的决心，给美军造成了极大的心理压力。2 月 19 日，美国海军 1 万多吨的"特里波利"号两栖攻击舰和最现代化的导弹巡洋舰"普林斯顿"号相继触雷，丧失了战斗能力，之后，一扫雷舰又触雷被炸。

水雷是人类航海战争发展史的记录者，并为后世海战武器的发明奠定了基础，提供了发展空间。

知识链接 >>>

　　水雷种类很多，按水雷布设后在水中状态区分，有漂雷、锚雷、沉底雷三种。漂雷没有固定位置，随波逐流，在水面漂浮。锚雷是一种悬浮水雷，靠雷锚和雷索固定在在一定深度上。沉底雷沉没在海底。

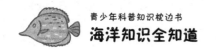
"水下警卫员"声呐

声呐是一种水下装置，它能利用声波在水下的传播特性，对水下目标进行探测，通过电声转换和信息处理，完成水下探测、定位和通信任务，是水声学中应用最广泛、最重要的一种装置。声呐的分类可按其工作方式、装备对象、战术用途、基阵携带方式和技术特点等分成各种不同的声呐。

例如按工作方式可分为主动声呐和被动声呐；按装备对象可分为水面舰艇声呐、潜艇声呐、航空声呐、便携式声呐和海岸声呐，另外还有一种声呐叫拖曳声呐。

主动声呐技术是指声呐主动发射声波"照射"目标，而后接收水中目标反射的回波以测定目标的参数。大多数采用脉冲体制，也有采用连续波体制的。它由简单的回声探测仪器演变而来，会主动地发射超声波，然后收测回波进行计算，适用于探测冰山、暗礁、沉船、海深、鱼群、水雷和关闭了发动机的隐蔽的潜艇。被动声呐技术是指声呐被动接收舰船等水中目标产生的辐射噪声和水声设备发射的信号，以测定目标的方位。它由简单的水听器演变而来，以收听目标发出的噪声，来判断出目标的位置和某些特性，特别适用于不能发声暴露自己而又要探测敌舰活动的潜艇。

拖曳声呐是将换能器基阵拖曳在运载平台尾后水中探测目标的声呐。装备在反潜舰艇、反潜直升机和监视船上。拖曳声呐一般长 1—2 千米，它并不是水平漂浮的，而是斜向下深入 500 米左右的水中，也就是潜艇所能达到的深度，以避开温跃层、盐跃层的限制，更好地监听周边环境噪音。拖曳声呐的探测范围最大可以达到 100 多海里，但其探测范围是几个宽几海里的圆环，而不是一整个圆面，所以潜艇在这个范围内仍然有足够的隐蔽空间。

声呐技术至今已有超过 100 年的历史，它是 1906 年由英国海军的李维斯·理察森所发明。他发明的第一部声呐仪是一种被动式的聆听装置，主要用来侦测冰山。这种技术，到第一次世界大战时开始被应用到战场上，用来侦测潜藏在水底的潜水艇，这些声呐只能被动听音，属于被动声呐，或者叫作"水听器"。在 1915 年，法国物理学家 Paul Langevin 与俄国电气工程师 Constantin Chilowski 合作发明了第一部用于侦测潜艇的主动式声呐设备。尽管后来压电式变换器取代了他们最先使用的静电变换器，但他们的工作成果仍然影响了未来的声呐设计。

1916 年，加拿大物理学家 RobertBoyle 承揽下一个属于英国发明研究协会的声呐项目，RobertBoyle 在 1917 年制造出了一个用于测试的原始型号主动声呐，由于该项目很快就划归 ASDIC，(反潜／盟军潜艇侦测调查委员会) 管辖，此种主动声呐也被称英国人称为"ASDIC"，为区别于 SONAR 的音译"声呐"，便将 ASDIC 翻译为"潜艇探测器"。1918 年，英国和美国都生产出了成品。1920 年英国在皇家海军"安特林"号上测试了他们仍称为"ASDIC"的声呐设备。1922 年开始投产，1923 年第六驱逐舰支队装备了拥有 ASDIC 的舰艇。1924 年在波特兰成立了一所反潜学校——皇家海军"鱼鹰"号，并且设立了一支有四艘装备了潜艇探测器的舰艇的训练舰

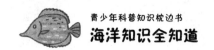

队。1931 年美国研究出了类似的装置，称为声呐。

声呐是各国海军进行水下监视使用的主要技术，用于对水下目标进行探测、分类、定位和跟踪；进行水下通信和导航，保障舰艇、反潜飞机和反潜直升机的战术机动和水中武器的使用。此外，声呐技术还广泛用于鱼雷制导、水雷引信以及鱼群探测、海洋石油勘探、船舶导航、水下作业、水文测量和海底地质地貌的勘测等。

知识链接 >>>

作为一种声学探测设备，声呐无疑是历史较长的"水听器"，并且成为各国海军进行水下监视使用的主要技术装置。终身在极度黑暗的大洋深处生活的动物，不得不采用声呐等各种手段来搜寻猎物和防避攻击，它们的声呐的性能是人类现代技术所远不能及的。解开这些动物声呐的谜，一直是现代声呐技术的重要研究课题。

"水上汽车"轮船

我国古代的时候就有人开始研究船，唐代的李皋首先发明了"桨轮船"。他在船的舷侧或艉部装上带有桨叶的桨轮，靠人力踩动桨轮轴，使轮周上的桨叶拨水推动船体前进。因为这种船的桨轮下半部浸入水中，上半部露出水面，所以称为"明轮船"或"轮船"，

以便和人工划桨的木船、风力推动的帆船相区别。

在国外也有很多研究者进行蒸汽轮船的尝试。法国发明家乔弗莱1769年最早建造蒸汽轮船，用蒸汽机启动，命名为"皮罗斯卡菲"，可是没有成功。英国人薛明敦在 1802 年也建成了一艘蒸汽轮船，可没有得到实际应用。首先发明以蒸汽机为动力的明轮式船的人是英国人赛明顿。他在1802年制造出了世界上第一艘蒸汽明轮船"夏洛特·邓达斯"号，其蒸汽机是瓦特式的，这艘船在苏格兰运河上航行了 31.5 千米。航行虽然成功，但他不太走运，因为明轮掀起的波浪损坏了河堤，这艘具有划时代意义的船被运河管理人扼杀在摇篮中了。

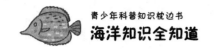
美国人富士顿发明轮船并且成功试航，人们把他称为真正发明轮船的人。富士顿童年生活穷困，小时候和几个朋友一起去划船，正好遇上风浪骤起，船无法控制，最后很费劲地才把船靠岸。那时，富士顿就想造一艘不怕风浪的船。富士顿21岁时东渡伦敦，后来，在一次社交活动中，他偶然遇到大名鼎鼎的瓦特，交谈之中，瓦特发现面前这位年轻人才华横溢，虽然他比富士顿大30岁，但两颗智慧之心息息相通，很快成为忘年之交。当富士顿表示要用瓦特发明的蒸汽机来武装船只时，瓦特立即给予支持。从此，富士顿不顾自身的严重肺病，开始埋头研究轮船的制作。

1802年，塞纳河景色如画，一艘长达30英尺（1英尺≈0.3米）的轮船在这里下水试航。两岸的观众注视这艘吞云吐雾、不用桨、不用帆就能迅速行进的船只，不幸试验失败了。由于船只上所用的蒸汽机太重，当天风浪又大，船被拦腰折断，沉没河底，富士顿3年的心血毁于一旦。失败并未使富士顿失望，他从失败中总结了教训，调整船体结构，又重新披挂上阵。5年时间过去了。1807年8月17日，一艘名叫"莱蒙特"号的轮船又在美国纽约市的哈德逊河下水试航了。这艘时代的巨轮，长150英尺，宽30英尺，排水量100吨，船上的发动机是富士顿设计的，而节水机则由瓦特亲手为这艘船制造。这一天，风和日丽，碧波涟漪，哈德逊河两岸人头攒动，富士顿快步登上轮船，用熟练的技术将发动机发动起来，驾驶着轮船飞速向前驶去。两岸传来阵阵掌声、赞叹声和欢呼声。

在美国纽约港，世界上第一艘轮船试航，这艘名为"克莱蒙特"号的轮船试航的成功，轰动了全球。此后，在不到8年的时间里，富士顿先后制造了17艘货轮、1艘渡轮、1艘鱼雷艇和1艘快速舰。此外，他还是制造潜水艇的先行者。

现代轮船首次来到我国的是1835年英国的查甸轮，自那以后，开辟到我国的航运的外国轮船不断增加。1861年9月5日，曾国藩率湘军攻克安庆，立刻开始筹建中国第一个近代军工厂——安庆军械所，科学家徐寿曾在此主持制造中国第一艘轮船。今日安庆航道处机关大楼北 15 米处，是安庆军械所的遗址。曾国藩当时也认识到海上征战轮船的重要性，急切地想学会西洋制造船炮的技术，命人寻访人才，听说无锡有徐寿、华蘅芳二人，都是自学成才的业余科学家，立刻下令征召来署，让二人主持试造西洋轮船。徐寿、华蘅芳用他们掌握的全部蒸汽机知识进行试验，东拼西凑，终于仿造出一个又一个机器部件，装备出一台蒸汽机。

初次试验时，大小官员全来观看，蒸汽机发动起来，只一会儿便停转了，无论如何调试，它还是不转。官员们垂头丧气，上报曾国藩，要求换"洋匠"来造，但曾国藩却支持徐寿、华蘅芳继续改进。不久，曾国藩租赁了一只洋轮，调到安庆，停在江边。这一"无意"安排，使徐寿、华蘅芳抓住机会，细心查看了洋船构造。1862 年 8 月 2 日，中国人自造的第一台蒸汽机正式试验。1866 年 4 月，轮船终于造成。这艘木质明轮船，载重 25 吨，长 55 尺（1 尺 ≈ 0.33 米），高压引擎，单气筒，航速每小时 10 千米，取名为"黄鹄"号。试航之日，江岸人山人海。徐寿亲自掌舵，华蘅芳担任机长。汽笛声中，轮船起航，驶向大江，岸上人群欢呼雀跃。曾国藩赞曰："洋人之巧，我中国人亦能为之！"中国人当时好不自豪。新中国成立后有政府扶持，造船业取得了更快更好的发展。今日，中国的船业制造已经取得辉煌成绩。

知识链接 >>>

轮船的发明使人类对大海不再是远距离观看，而是可以徜徉于广阔的海面之上，促进了各国的交流，对世界贸易的发展有着不可磨灭的功勋。而现在，轮船的作用已经无限扩大，也成为国家与民族发展的一个象征。

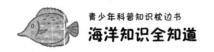
轻便的气垫船

  气垫是用大功率鼓风机将空气压入船底下，由船底周围的柔性围裙或

刚性侧壁等气封装置限制其逸出
而形成的。气垫船是利用高压空
气在船底和水面（或地面）间形
成气垫，使船体全部或部分垫升
而实现高速航行的船。气垫船除
了在水上行走外，还可以在某些
比较平滑的陆地上行驶。气垫船

是高速行驶船只中的一种，行走时因为船身升离水面，船体水阻减少，以
至行驶速度比用同样功率的船只快。很多气垫船的速度都可以超过 50 节，
当然气垫船也可以用于缓慢速度行驶。

  1950 年，科克雷尔在英国诺福克河口的造船行业里任工程师，一次，
一种实验使他偶然发现了一个新概念。他用两个尺寸不同的铁筒朝厨房用
的天平上鼓风，发现相同的风量通过两个不同大小的铁筒所产生的冲力不
同。大口的铁筒吹在天平上的冲力反而小，而小口的铁筒吹在天平上的冲
力反而比大铁筒大两倍。他意识到可以采用这种原理制造一种新型的船。

  1955 年，他根据自己的新发现制造了一个气垫船模型。这个模型不仅在水上，甚至可以在地毯上飞驰。但要使气垫船具有实用价值，当时还有不可逾越的资金和科技难题。其中的技术关是要使船体既要同水面避免硬接触，同时又要保持与水面的有效接触，所以，控制船底喷气装置成了这项发明的关键所在。由于这项英国"气垫密封装置"专利当时无法实施，于是被上了保密单，一直无人知晓。后来，有一个文职官员很有远见，他经过研究论证，签字拨款正式研制气垫船。在 1959 年 6 月，为了纪念 1909 年"布莱里奥"号横渡英吉利海峡 50 周年，足尺型气垫船"SRN"1 号从反方向横渡英吉利海峡，引起了举世瞩目。

英国是最早研制气垫船的国家。20 世纪 60 年代初，英国海军就组建了气垫船试验分队，对不同类型的气垫船进行一系列的作战环境试验，如用于扫雷、两栖登陆、发射导弹、反潜等，并从中选出合适的艇型。已装备海军部队的有 50 吨级 BH7 型多用途气垫艇。

从 20 世纪 50 年代后期起，中国即开始气垫技术的应用研究以及气垫船的开发。20 世纪 50 年代后期，为探索气垫新技术，全国 40 多个单位组织力量，开始进行原理研究和模型试验，进而试制载人试验车和试验艇。有些单位用航空发动机作动力，采用空气螺旋桨推进或喷气推进；有些单位研制的气垫船兼能上岸；也有些单位则研制以陆用为主的试验性地面效应器或气垫车，名为"漂行汽车""无轮汽车""气垫飞行器"等。名称虽不同，但实质均属全垫升式气垫模型。当时这些试验船均未装围裙，操纵性不佳，海上和陆上试验都发现不少问题，只停留在原理性的应用研究阶段。

1962 年，国家科委船舶专业组组织制订了船舶科学技术发展十年（1963—1972 年）规划，将气垫技术的开发列入规划项目。国防科委确定由七院为主，继续组织研究工作。1963—1967 年，东北地区沈阳松陵机械厂利用航空活塞式发动机相继研制成全垫升式气垫试验艇"松陵"1 号、"松陵"2 号和"松陵"3 号。初期采用单层周边围裙，继而改用周边射流火腿形柔性围裙，在松花江、旅顺近海以及辽河水网地区都进行了试航试验。

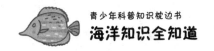
气垫船可以直接带登陆兵越过海岸的沙滩或淤泥，将其输送到陆地上，是一种比较理想的登陆作战上陆输送工具，受到各国两栖作战部队的青睐，在许多国家的两栖作战部队中得到了较广泛的应用。

气垫船能大部分或全部脱离水面运行，且自身的船体场、磁场、压力场等特征不明显，水中的障碍物一般对其无作用或作用较小，水中的爆炸物也不易被其引爆，可以运用气垫船作为扫雷平台。气垫船在旅游、探险以及民事救援上也大有作为。它可以直接停在海面，比直升机悬停工作容易，且受环境干扰小得多，可适应较高海况。

知识链接 >>>

气垫船在洪水情况下工作的突出作用十分显著。当洪水突发、河流突破水坝和住宅区时，如果用船只沿着淹没的街道、围墙，突破倒下的树木、淹没的墙壁和车辆等水下障碍行驶，这几乎是不可能的，因为这将损坏船只的螺旋桨。而气垫船则完全不受水下障碍物的影响，能够在任何水深中飞驰。

"飞机船"地效飞行器

地效飞行器是介于飞机、舰船和气垫船之间的一种新型高速飞行器。与普通飞机不同的是，地效飞行器主要在地效区飞行，也就是贴近地面、水面飞行，而飞机主要在地效区以外飞行；与气垫船不同的是，气垫船靠自身动力产生气垫，而地效飞行器靠地面效应产生气垫。地效

飞行器在军事上可用于登陆运输、反潜和布雷等任务，民用方面可用于海上和内河快速运输、渔情侦察、水上救生等。

1932年5月24日，德国一架名叫"多克斯"的水上飞机正在大西洋上空正常飞行。忽然，发动机转速降低，飞机随之下落。原来，发动机部分油路堵塞，一场机毁人亡的事件顷刻间就要发生。奇迹却在这个时候出现了：当飞机掉到距水面约10米时，不知从哪里来了一种神奇的升力，它巧妙地将机身自动拉平，并让它一直保持在这个高度上向前飞行……最后，这股魔力将飞机完好无损地送到了目的地。

新闻界披露这一偶然事件后，许多科学家被深深震动了。这种神秘的

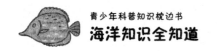

力量到底来自哪里呢？有的舆论急不可待地认为，这是偶然路过的外星人伸出手帮了一把忙，还有一些人深信是神的力量。务实的科学家们却踏踏实实地投入到艰苦的研究中去了。在这项研究中最先取得重要成果的是空气动力学家。他们的研究表明，当运动的飞行器掉到距地面（或水面）很近的位置时，整个机体的上下压力差增大，升力会陡然增加。这种可以使飞行器诱导阻力减小，同时能获得比空中飞行更高升阻比的物理现象，被科学家称为"地面效应"（或"表面效应"），并由此开辟了一门边缘学科，即"表面效应翼技术"，简称"地效飞行技术"。

俄罗斯秘密研究了这项技术，他们把这种飞行体称为"地效飞行器"或"地屏飞行器"。从结构上说它是飞机，但却贴着地面。它利用地面效应，在机体下形成一个空气卷筒，它随着飞机运动。通过三角形的相应承载面，这种效应更强。巨大的喷气发动机在前头将吸入的空气斜射到支承面下，从而加强这种飞行器的作用。真正的飞行是依靠装在尾部的其他发动机实现的。

地效飞行器不仅能够在水面上飞行、随地降落和重新起飞，而且能够越过结冰的苔原。它不受波浪、潮汐甚至地雷区的干扰。俄罗斯已经造出了多种型号的地效飞行器，不仅能够在10米高度上运动，而且在需要时可以达到3000米以上高空。美国间谍飞机早在20世纪80年代初就已经在苏联的上空注意到地面上有一个奇怪的飞行体，它以令人难以置信的速度，在任何雷达都探测不到的低空飞行于里海之上。这种飞行物体态庞大、速度惊人，是贴水飞行的水面飞行器。美国人按照他们掌握的技术状况分析，认为地球人还不可能拥有如此怪异的庞大飞行器。这种发现和认识公之于世以后，世人的各种猜测和臆想如波涛起伏。最后，西方人只得模糊而又无奈地称之为"里海怪物"。

苏联解体后，苏联的许多机密事件和科学技术逐渐被世人揭开真相，"里海怪物"也终于大白于天下。原来，自1932年芬兰工程师卡奥尔诺在结冰的湖面上成功地进行了地效飞行器牵引模型试验后，瑞典、瑞士、美国、德国、日本等一些较有实力的国家也都进行了一系列试验。然而，研制地效飞行器受到了当时许多技术条件的限制，在追求与等待中，一些国家逐渐放弃，比如美国就大大放慢了研究步伐，有的国家却仍在研究，比如苏联。

早在20世纪60年代，由于飞机气动力、结构力学、发动机及综合控制技术的日趋成熟，苏联出于军事上的需要，亟须研制系列高速船舶，于是，经过充分论证，集中精力研制发展地效飞行器提上了日程。当年，美国的侦察卫星从太空中看到的"里海怪物"，其实就是这些地效飞行器的身影。当西方人终于弄清"里海怪物"的底细之后，从政要到军事科学家无不大吃一惊。这种吃惊在于，他们发现，这种飞行器不仅有极为广阔的民用前景，更有可能改变战争样式的军事价值。在军事领域，地效飞行器除可用于攻击敌人舰艇及实施登陆作战外，还可用于执行运送武器装备、快速布雷、扫雷等任务，还可为海军部队提供紧急医疗救护。在民用领域，地效飞行器不仅可用于客、货运输，还可用于资源勘探、搜索救援、旅游观光、远洋渔船和钻井平台换员运输、通信保障与邮递等，用于跨海洋运输有较好的经济性和安全性。有人预言，地效飞行器的出现，将引起21世纪海上交通运输的革命。

我国的地效飞行器是在1998年试航的。1998年的上半年，"信天翁"3型（XTW-3）12艘掠海地效翼艇在广西北海港外海域继续进行海上试验试航。下半年DXF100型15艘地效飞行器（艇）在湖北荆门漳河水库，由中国科技开发院召开新闻发布会时进行了水上掠航演示。12月，"天鹅"号（751型）15艘动力气垫地效翼船（艇）在上海淀山湖上海船舶工业公司举办的新闻发布会上也进行了水上掠航演示，同时宣布已通过系列试验及中国船舶工业总公司的验收。

知识链接 >>>

当中国第一艘地效飞行器终于于1998年11月在湖北荆门试飞成功的时候，英国航空界便惊呼道："中国已成为世界上地效飞行器研制中最先进的国家之一。"

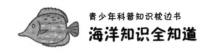

"水上战士"潜艇

潜水艇，或称潜艇，是一种既能在水面航行又能潜入水中进行机动作战的舰艇，也被称为潜水艇，是海军的主要舰种之一。潜艇能利用水层掩护进行隐蔽活动和对敌方实施突然袭击；它有较大的自给力、续航力和作战半径，可远离基地，在较长时间和较大海洋区域

以至深入敌方海区独立作战，有较强的突击威力；它还能在水下发射导弹、鱼雷和布设水雷，攻击海上和陆上目标。

潜艇分单壳潜艇和双壳潜艇。双壳潜艇艇体分内壳和外壳，内壳是钢制的耐压艇体，保证潜艇在水下活动时，能承受与深度相对应的静水压力；外壳是钢制的非耐压艇体，不承受海水压力。双壳潜艇的内壳与外壳之间是主压载水舱和燃油舱等。单壳潜艇只有耐压艇体，主压载水舱布置在耐压艇体内。潜艇有多个蓄水舱，当潜艇要下潜时，就往蓄水舱中注水，使潜艇重量增加，大于它的排水量，潜艇就下潜；要上浮时，就往外排水，使潜艇重量降低，小于它的排水量，潜艇就上浮。

潜艇按作战使命可以分为攻击潜艇与战略导弹潜艇；按动力分为常规动力潜艇（柴油机—蓄电池动力潜艇）与核潜艇（核动力潜艇）；按排水量分，常规动力潜艇有大型潜艇（2000 吨以上）、中型潜艇（600—2000 吨）、小型潜艇（100—600 吨）和袖珍潜艇（100 吨以下），核动力潜艇一般在3000 吨以上。

潜艇主要执行巡逻、警戒、封锁、反潜、侦察等任务。其攻击对象一般为敌方的运输船或商船，而航母、战列舰、巡洋舰等大型水面舰艇由于大多拥有护航舰艇和飞机保护，攻击风险很大。

18 世纪 70 年代，一个叫布什内尔的美国人建成一艘单人操纵的木壳艇"海龟"号，通过脚踏阀门向水舱注水，可使艇潜至水下 6 米，能在水下停留约 30 分钟。艇上装有两个手摇曲柄螺旋桨，使艇获得 3 节左右的速度。艇内有手操压力水泵，排出水舱内的水，使艇上浮。艇外携一个能用定时引信引爆的炸药包，可在艇内操纵把这个炸药包放于敌舰底部。1776年 9 月，"海龟"号潜艇偷袭停泊在纽约港的英国军舰"鹰"号，虽未获成功，但开创了潜艇首次袭击军舰的尝试。

19 世纪 60 年代，美国南北战争中，南军建造的"亨利"号潜艇长约12 米，呈雪茄形，用 8 人摇动螺旋桨前进，使用水雷攻击敌方舰船。1863年，法国建造了"潜水员"号潜艇，使用功率 58.8 千瓦（80 马力）的压缩空气发动机作动力，速度为 2.4 节，能在水下潜航 3 小时，下潜深度为 12米，但是由于其他原因最终以失败告终。"潜水员"号采用了蒸汽机作动力失败后，潜艇设计师们不得不另辟蹊径，为潜艇寻找更好的动力装置。1886 年，英国建造了"鹦鹉螺"号潜艇，使用蓄电池动力推进，航速 6 节，续航力约 80 海里，成功地进行了水下航行，从此，电动推进装置为潜艇的水下航行展现了广阔前景。

对现代潜艇的发展做出过最大贡献的，当属美国潜艇设计师约翰·霍兰。1875 年，霍兰将建造新型潜艇的计划送交美国海军部，却因美军有失

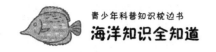

败先例而拒绝。他得到了流亡美国的、由爱尔兰一些革命者组成的"芬尼亚社"的大力资助。在"芬尼亚社"的支持下，经过3年时间的不断努力，霍兰终于在1878年将自己的第一艘潜艇送下了水。该潜艇被命名为"霍兰"1号，是一艘单人驾驶潜艇。艇长5米，装有1台汽油内燃机，能以每小时3.5海里的速度航行。但由于潜艇水下航行时内燃机所需空气的问题没有解决，因此潜艇一潜入水下，发动机就停止了工作。虽然这是一艘不成功的潜艇，但霍兰却在它的身上积累了经验，为下一步建造新的潜艇打下了基础。

1881年，霍兰建造成功他的第二艘潜艇，命名为"霍兰"2号，也称"芬尼亚公羊"号。该艇长约10米，排水量19吨，装有一台11千瓦的内燃机。为解决纵向稳定性问题，霍兰还为潜艇安装了升降舵。同时，他还在艇上安装了一门加农炮，使得"霍兰"2号潜艇既能在水下发射鱼雷，又能在水面进行炮战。"霍兰"2号的建成给公众以极大的鼓舞，在潜艇发展史上也被认为是一个重要的里程碑。

1897年5月17日，时年56岁的霍兰终于成功地制造出了"霍兰"6号潜艇。该艇长15米，装有33.1千瓦汽油发动机和以蓄电池为能源的电动机，是一艘采用双推进的最新潜艇。在水面航行时，以汽油发动机为动力，航速可达每小时7海里，续航力为1000海里。在水下潜航时，则以电动机为动力，航速可达每小时5海里，续航力50海里。该艇共有5名艇员，武器为一具艇首鱼雷发射管和两门火炮，火炮瞄准靠操纵潜艇艇体对准目标。该艇能在水下发射鱼雷，水上航行平衡，下潜迅速，机动灵活。这是霍兰一生中设计和建造出的最后一艘潜艇。为了纪念这位伟大的先驱者，人们将其称为"霍兰"号。双推进系统在该艇上的运用，使这艘潜艇取得了潜艇发展史上前所未有的成功，从而奠定了霍兰的"现代潜艇之父"的地位。

19世纪的最后10年中，潜艇已成为具有潜在威慑力量的武器了。20世纪初，潜艇装备逐步完善，性能逐渐提高，出现具备一定实战能力的潜艇。第一次世界大战一开始，潜艇就被用于战斗。第二次世界大战后，世界各国海军十分重视新型潜艇的研制。至 20 世纪 80 年代末，世界上近 40个国家和地区，共拥有各种类型潜艇 900 余艘。随着科学技术的发展和反潜作战能力的不断提高，潜艇的战术技术性能将进一步提高。

知识链接 >>>

核潜艇是潜艇中的一种类型，指以核反应堆为动力来源设计的潜艇。世界上第一艘核潜艇是美国的"鹦鹉螺"号，1954 年 1 月 24日首次开始试航，它宣告了核动力潜艇的诞生。目前全世界公开宣称拥有核潜艇的国家有 6 个，分别为美国、俄罗斯、英国、法国、中国、印度。其中美国和俄罗斯拥有核潜艇最多。核潜艇的出现和核战略导弹的运用，使潜艇发展进入一个新阶段。装有核战略导弹的核潜艇是一支水下威慑的核力量。

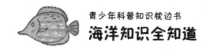
"海上圣斗士"航空母舰

1909 年，法国著名发明家克雷曼·阿德在当年出版的《军事飞行》一书中，前无古人地提出了航母的基本概念和建造航母的初步设想，并第一次使用了"航空母舰"这一概念。然而，当时法国军方正以极大的热情研制水上飞机，没有人花心思去关心这种异想天开的航母。但阿

德的创意却在英国得到了热烈的反响，并为英国人实现航母之梦带来了希望之光。

1912 年，英国海军对一艘老巡洋舰"竞技神"号进行了大规模改装。工程技术人员拆除了军舰上的一些火炮和设备，在舰首铺设了一个平台用于停放水上飞机；另外在舰上加装了一个大吊杆，用来搬运飞机。这样，"竞技神"号就成了世界上第一艘水上飞机母舰。不过，它却并不是阿德所勾画的那种航空母舰，也不是现代意义上航母的雏形，因为舰上所载的飞机并不能够在舰上直接起降，所有飞机都需要从水上起飞和在水上降落，然后再从水中提升到军舰上。

1914 年，3 架索普威斯 807 式水上侦探机在英国"皇家方舟"号战列巡洋舰起飞获得成功。很快，英国海军便将此舰改装成为水上飞机搭载舰。第二年年底，这艘水上飞机母舰作为英国海军的第一艘正式的水上飞机母舰加入现役。后来，它改名为"柏伽索斯"号，也就是有些史料上所说的世界上第一艘航空母舰。但实际上，"柏伽索斯"号只能称之为"可以在舰上起飞飞机"的第一艘水上飞机母舰，因为飞机仍然不能在舰上降落。

水上飞机母舰问世后不久就在海战中初露锋芒。1914 年 12 月 25 日，以"恩加丹"号、"女皇"号和"里维埃拉"号三艘水上飞机母舰及巡洋舰和驱逐舰组成的一支英国特混舰队，受命前去袭击库克斯港的德国飞艇基地，虽未达到预期效果，却向世人展示了用以母舰为主的特混编队从空中攻击敌舰的全新战法和光明前景。

1915 年 8 月 12 日，英国海军飞行员埃蒙斯驾驶一架从水上飞机母舰上起飞的肖特 184 式水上飞机，成功地用一枚 367 公斤重的鱼雷击沉了一艘 5000 吨级的土耳其运输舰，这是水上飞机诞生后所取得的第一次重大战果。

1916 年，英国的航母设计师总结水上飞机参战以来的经验教训，重新提出了研制可在军舰上起降飞机的航母的问题，并建议把陆地飞机直接用到航母上去。此后，英国的设计师们开始对航母的结构进行新的重大修改，并由此导致了世界上第一艘全通甲板的航母——"百眼巨人"号的诞生。"百眼巨人"号原名"卡吉士"号，是英国造船商为意大利造的一艘客轮，开工不久即被英国海军买下，准备改建成航母。改建工作始于 1917 年，次年 9 月方告完成。在改建过程中，遇到的最大难题就是"不定常涡流"的问题。正当英国的造船专家们一筹莫展之时，一名海军军官想出了一个奇妙的办法：把舰桥、桅杆和烟囱统统合并到上层建筑中去，然后把整个建筑的位置从飞机甲板的中间线移到右舷上去，这样，起飞甲板和降落甲板就能连为一体，而"不定常涡流"的影响也将不复存在。这位海军军官把自己的高招称之为"岛式设计"。

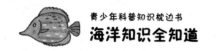

"百眼巨人"号的舰载机采用了一种原来在陆基起降的"杜鹃"式鱼雷攻击机，它有折叠式的机翼能携带450公斤重的457毫米鱼雷，具有极强的攻击力。由于这种飞机建造的速度太慢，以至于第一批准备上舰的飞机未能赶上第一次世界大战。"百眼巨人"号已经具备了现代航空母舰所具有的基本特征和形状。它的诞生，标志着世界海上力量发生了从制海权到制海与制空相结合的一次革命性变化。

日本于1922年12月建成了"凤翔"号，由于它不是改装的，所以被认为是世界上专门设计建造的第一艘航空母舰。日本的"凤翔"号航母于1921年10月在浅野造船厂动工，1922年10月下水，12月完工。由于在建造"凤翔"号之前，日本海军没有建造专门航空母舰的经验，许多设计仍在摸索阶段，所以该舰也算是日本航空母舰的试验舰。在原设计中有些错误，到1923年，"凤翔"号才一一改正了这些错误设计。1944年，为了搭载新式战机，"凤翔"号的飞行甲板被加长到180.8米。由于改装后的飞行甲板长度超出舰长太多，使得航母的耐波性降低，无法进行远洋活动。但"凤翔"号也因祸得福，由于活动减少而得以躲过美军铺天盖地的攻击，存活到日本战败后，于1946年9月被解体。

知识链接 >>>

"辽宁"号航空母舰，简称"辽宁舰"，舷号16，是中国人民解放军海军第一艘可以搭载固定翼飞机的航空母舰。前身是苏联海军的库兹涅佐夫元帅级航空母舰次舰"瓦良格"号，改装后中国将其称为001型航空母舰。20世纪80年代中后期，"瓦良格"号于乌克兰建造时遭逢苏联解体，建造工程中断，完成度68%。1999年，中国购买了"瓦良格"号，"瓦良格"号于2002年3月4日抵达大连港，2005年4月26日开始由中国海军继续建造改进。2012年9月25日，这艘航母正式更名"辽宁"号，交付予中国人民解放军海军。

第三章

探索海洋疑云
及未来发展

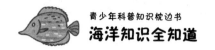
失踪的大西洲

传说许多年前，地球上有个亚特兰蒂斯岛，岛上散居着许多民族，共有 10 个国家。其中面积最大、人口最多、文明程度最高、国力最强盛的国家的国王名叫"大西"。他最后统一了这块由各部落分割的土地，后人便以他的名字将亚特兰蒂斯岛命名为大西洲。大西洲土地肥沃、气候湿润、植物繁盛、矿产丰

富，统一后人民安居乐业。那儿的城墙镶满铜锡，庙宇镀着金和银，道路宽广，河流纵横，贸易兴旺发达。可是富强起来的大西国发动了侵略战争，开始时所向披靡，先后征服了埃及等国，但最后在雅典战役中，却遭到希腊人民的顽强抵抗，大败而归。后来也不知发生了什么，大西洲连同它的所有居民都在短短的一天时间里，从地球上突然消失得无影无踪。

传说中沉没的大西洲，位于大西洋中心附近。大西洲文明的核心是亚特兰蒂斯大陆，大陆上有宫殿和奉祝守护神——波塞冬（也就是希腊神话中的海神）的壮丽神殿，所有建筑物都以当地开凿的白、黑、红色的石头建造，美丽壮观。首都波赛多尼亚的四周，建有双层环状陆地和三层环状

运河。在两处环状陆地上，还有冷泉和温泉。除此之外，大陆上还建有造船厂、赛马场、兵舍、体育馆和公园等。

最早记载大西洲故事的是希腊学者、大哲学家柏拉图。柏拉图在公元前350年所著的两篇对话录《克里斯提阿》和《泰密阿斯》中写道：9000年前，在大西洋有座亚特兰蒂斯岛，面积比利比亚与当时所知的亚洲国家总和还大，那里土地肥沃，矿产丰富，人们会冶炼、耕作、建筑。那里道路四通八达，运河纵横交错，贸易往来十分发达。为了攫取更多的财富，他们四处扩张，有强大的船队，曾征服了包括埃及在内的地中海沿岸大片区域。不料，一场毁灭性的地震和随之而来的铺天盖地的海啸，使整个亚特兰蒂斯岛载着都市、寺院、道路、运河以及全体国民，在一夜之间沉陷海底，消失在滔天的浪峰洪谷之中。柏拉图对大西洲的生动描写不仅给人们带来了极大的探索兴趣，同时也给后来的科学家留下了千古之谜。诸如大西洲原先的位置在哪里？它是否真的沉没在大西洋海底？如果是，那么又是什么力量使偌大一个大西洲沉没洋底？

早在公元6世纪时，科学界曾就此展开持久激烈的争论。由于亚特兰蒂斯的传说，不少富有兴趣而又勇于探险的考古学家便进行了尝试，希望可以找到柏拉图描绘的那片富于诗意的绿洲。一些人在地中海的西部寻觅，认为它占据着西西里到塞浦路斯之间的地区，并认为这两个岛屿是亚特兰蒂斯的边缘部分的残余，另一些人则说它杂陈于地中海的东部，更有一些人推测美洲大陆就是亚特兰蒂斯。还有的研究家则认为，亚特兰蒂斯是凭空幻想出来的，与培根的新亚特兰蒂斯和托马斯·莫尔的乌托邦相类似，这样便彻底否定了它的真实性。

1967年的一天，美国一个飞行员在大西洋巴哈马群岛低空飞行时，突然发现在水下几米深的地方有一个巨大的长方形物体。次年，美国一考察队在安德罗斯岛附近海下也发现了一座古代寺庙遗址，长30米、宽25米，呈长方形，在比米尼岛附近海下5米处发现了一座平坦的经过加工的岩石

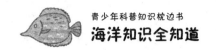

大平台。考察队从而断定，在遥远的过去，巴哈马群岛一带的海底曾是一座用岩石修筑的大陆城市。有些科学家还在大西洋海底的好几个地方发现了岩石建筑物，其中有防御工事、墙壁、船坞和道路。这些海底建筑物的排列和形状，与传说中的亚特兰蒂斯非常一致。科学家根据种种发现加以推测，已经消失了的古代大西洲——亚特兰蒂斯，可能就沉没在波涛滚滚的大西洋底。1974年，苏联的一艘海洋考察船在大西洋底下拍到了8幅照片，它们共同显示一座宏大的古代人工建筑物。考古学家对此做了分析，认为很有可能就是聪明而悲壮的大西洲人建筑奇迹的遗物。

虽然大西洲的秘密仍在沉睡，但人类对史前文明的探究仍在继续。这并不仅仅是为了发现多少文物古迹，了解人类文明新陈代谢的真实历程，还能揭示许多地球变迁和地质运动的秘密。人类只有深入地了解这些规律，才可能真正达到与自然的和谐，这对我们人类的生存有着重要的意义。

知识链接 >>>

关于大西洲的沉没地点一直都是众说纷纭，迄今已有多种不同的说法。第一种说法，也是最流行的说法，称大西洲沉没在了大西洋中；第二种说法则说它沉没在了巴哈马近海；第三种说法是大西洲沉没了地中海里；第四种说法是，大西洲沉入了神秘的百慕大三角海底。考古学家们各持己见，但遗憾的是，没有人敢肯定自己的解释是问题的真正答案。看来这一旷日持久的争论，在长达20多个世纪的探索之后还将继续下去。

神秘的海底人

1938 年，在东欧波罗的海东岸的爱沙尼亚朱明达海滩上，一群赶海的人发现一个从没见过的奇异动物：它嘴部很像鸭嘴，胸部却像鸡胸，圆形头部有点像蛤蟆。当这"蛤蟆人"发现有人跟踪它时，便一溜烟跳进波罗的海，速度极快，几乎看不到它的双脚，但却在沙滩上留下硕大的蛤蟆掌印。后来人们在加勒比海海域捕到 11 条鲨鱼，其中有一条虎鲨长 18.3 米，当渔民解剖这条虎鲨时，在它的胃里发现了一副异常奇怪的骸骨，骸骨上身三分之一像成年人的骨骼，但从骨盆开始却

是一条大鱼的骨骼。当时渔民将之转交警方，经过验尸官检验，结果证实是一种半人半鱼的生物。1958 年，美国国家海洋学会的罗坦博士使用水下照相机，在大西洋 4000 多米深的海底，拍摄到了一些类似人的足迹。

英国的《太阳报》曾报道，1962 年曾发生过一起科学家活捉小人鱼的事件。苏联列宁科学院维诺葛雷德博士讲述了经过：当时，一艘载有科学家和军事专家的探测船，在古巴外海捕获了一个能讲人语的小人鱼，皮肤呈鳞状，有鳃，头似人，尾似鱼。小人鱼称自己来自亚特兰蒂斯市，还告

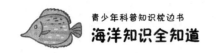

诉研究人员在几百万年前，亚特兰蒂斯大陆横跨非洲和南美，后来沉入海底……小人鱼被送往黑海一处秘密研究机构，供科学家们深入研究。到了20世纪80年代末期，又有人传闻在美国南卡里来纳州比维市的沼泽地中有怪物出没。目击者说，这种半人半兽的"蜥蜴人"身高近两米，长着一双大眼睛，全身披满厚厚的绿色鳞甲，每只手仅有三个指头。它直立着行走，力大无比，能轻而易举地掀翻汽车。它能在水泽里行走如飞，因此人们无法抓住它。许多人据此猜测这怪物可能就是爬上岸的海底人。更加令人吃惊的是，据说海中也经常有一些不明潜水船，它神出鬼没，性能先进，令人难以置信。

认为存在"海底人"的学者说，著名的"比密里水下建筑"就是海底人的建筑遗迹，后来由于海底上升，只适于深海生活的海底人只好放弃他们的城堡。他们甚至指出，西班牙海底发现的大型圆顶透明建筑和大西洋底发现的金字塔可能是海底人类的高科技建筑及设备。金字塔可能是用来发电或净化、淡化海水的设备，而那些建筑上的雷达状天线可能是他们进行海底无线联系的网络天线。

不明潜水物的踪迹遍布全球各地海域，引起了研究人员的关注，甚至有人认为，不明潜水物便是海底人的舰船，而更耸人听闻的是，许多人都说他们在海中发现了各式各样的神秘建筑物。海底是否真的有人生活，一直是科学家争论不休的问题。有些学者认为，有关发现海底人、"幽灵潜艇"和海底城堡的传闻，大都是一些无聊的人无中生有、信口胡编的骗局，有些人是为了出名而编造了这些稀奇古怪的经历和传闻，而有些纯粹是出于好玩或寻开心。这些学者认为，所谓发现的海底人，很可能是海中的一些动物，而"幽灵潜艇"可能是一些试验性的先进潜艇，而发现的水中城堡、金字塔纯属子虚乌有，根本没有令人信服的证据足以证明这类海底建筑的存在。但也有许多人却持相反看法，他们认为，种种迹象表明，在广袤无边的大海深处，应该存在着另一类神秘的智能人类——海底人。他们的根据是：陆上的人类是从海洋动物进化而来的。海底人是地球人类进化中的一个分支，和陆地人类一样，他们在海洋中不断进化，但最终没有脱离大海，而是成为大洋中的主人。

人类在水下看到的是否为海底人，海底人是否真的存在，至今仍是科学史上的一大谜团。正是这些谜团，才不断吸引着人类的目光，挑动着人类的好奇心。为此，我们应该继续努力，让这神秘面纱早日揭开，让真相大白于天下。

知识链接 >>>

有一种观点认为，"海底人"既能在"空气的海洋"里生存，又能在"海洋的空气"里生存，是史前人类的另一分支，理由是：人类起源于海洋，现代人类的许多习惯及器官明显地保留着这方面的痕迹，例如喜食盐、会游泳、爱吃鱼等，这些特征是陆上其他哺乳动物不具备的。第二种观点认为，"海底人"不是人类的另一分支，很可能是栖身于水下的特异外星人，理由是这些生物的智慧和科技水平远远超过了人类。但是这种假设太离奇，并没有得到多数科学家的认可。

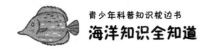
消失的仙湖

罗布泊位于新疆塔里木盆地东北部，是阿尔金山、塔克拉玛干沙漠和库鲁克山包围之中的一片水洼。塔里木河、孔雀河、车尔臣河、疏勒河等汇集于此，同时也受到祁连山冰川融水的补给，融水从东南通过疏勒河流入，从而形成了巨大的湖泊。这片面积达 3006 平方千米的水域，曾被誉为中国的第二大咸水湖。碧波浩渺，鸟兽穿梭，是罗布人繁衍生息赖以生存的生命之源。

汉代，罗布泊"广袤三百里，其水亭居，冬夏不增减"，它的丰盈，使人猜测它"潜行地下，南也积石为中国河也"。这种误认罗布泊为黄河上源的观点，由先秦至清末，流传了 2000 多年。到公元 4 世纪，曾经是"水大波深必汛"的罗布泊西之楼兰，到了要用法令限制用水的拮据境地。清代末年，罗布泊水涨时，仅有"东西长八九十里，南北宽二三里或一二里不等"，成了区区一小湖。1921 年，塔里木河改道东流，经注罗布泊。到了 20 世纪 50 年代，湖的面积又达 2000 多平方千米。20 世纪 60 年代，塔里木河下游断流，罗布泊渐渐干涸。1972 年年底，罗布泊彻底干涸。

历史上，罗布泊最大面积为 5350 平方千米，1931 年，陈宗器等人测得面积为 1900 平方千米。1942 年，在苏制 1/50 万地形图上，量得面积为 3006 平方千米。1958 年，我国分省地图标定面积为 2570 平方千米。1962 年，航测的 1/20 万地形图上，其面积为 660 平方千米。1972 年，最后干涸部分为 450 平方千米。

近代，一些进入罗布泊地区的外国人把罗布泊说成是"游移湖"。清代，阿弥达深入湖区考察，撰写《河源纪略》卷九中载："罗布淖尔为西域巨泽，在西域近东偏北，合受偏西众山水，共六七支，绵地五千，经流四千五百里，其余沙啧限隔，潜伏不见者不算。以山势撰之，回环纡折无不趋归淖尔，淖尔东西二面百余里，南北百余里，冬夏不盈不缩……"这里，曾经是一个人口众多、颇具规模的古代楼兰王国。公元前 126 年，张骞出使西域归来，向汉武帝上书："楼兰，师邑有城郭，临盐泽。"它成为闻名中外的丝绸之路南支的咽喉门户。曾几何时，繁华兴盛的楼兰，就这样无声无息地退出了历史舞台；盛极一时的丝路南道，黄沙满途，行旅裹足；烟波浩渺的罗布泊，也变成了一片干涸的盐泽。此后湖水减少，楼兰城成为废墟。罗布泊的消失，使罗布泊地区形成了死亡之海——戈壁沙漠。在罗布泊干枯后，就连"生而不死千年，死而不倒千年，倒而不枯千年"的胡杨树也成片的死去、倒下、枯萎，那里也再没有鸟兽的踪影。如今，从卫星相片上反映出来的罗布泊是一圈一圈的盐壳组成的荒漠！

罗布泊的沙漠是怎么形成的呢？塔里木河两岸人口激增，水的需求也跟着增加。扩大后的耕地要用水，开采矿藏需要水，水从哪里来？人们拼命向塔里木河要水。几十年间塔里木河流域修建水库 130 多座，任意掘堤修引水口 138 处，建抽水泵站 400 多处，有的泵站一天就要抽水 1 万多立方米。盲目用水使塔里木河终被抽干了，以致沿岸 5 万多亩耕地受到威胁。断了水的罗布泊马上变成一个死湖、干湖。罗布泊干涸后，周围生态环境

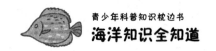

马上发生巨变，草本植物全部枯死，防沙卫士胡杨树成片死亡，沙漠以每年3—5米的速度向湖中推进。罗布泊很快和广阔无垠的塔克拉玛干沙漠融为一体。到20世纪70年代完全消失，罗布泊从此成了令人恐怖的地方。

为揭开罗布泊的真面目，古往今来，无数探险者舍生忘死深入其中，其中不乏悲壮的故事，这也更为罗布泊披上神秘的面纱。1949年，从重庆飞往迪化（乌鲁木齐）的一架飞机，在鄯善县上空失踪。1958年却在罗布泊东部发现了它，机上人员全部死亡，令人不解的是，飞机本来是向西北方向飞行，为什么突然改变航线飞向正南？ 1950年，解放军剿匪部队一名警卫员失踪，事隔30余年后，地质队竟在远离出事地点百余千米的罗布泊南岸红柳沟中发现了他的遗体。1980年6月17日，著名科学家彭加木在罗布泊考察时失踪，国家出动了飞机、军队、警犬，花费了大量人力物力，进行地毯式搜索，却一无所获。1990年，哈密有7人乘一辆客货小汽车去罗布泊找水晶矿，一去不返。两年后，人们在一陡坡下发现3具卧干尸。汽车距离死者30千米，其他人下落不明。1995年夏，米兰农场职工3人乘一辆北京吉普车去罗布泊探宝而失踪。后来的探险家在距楼兰17千米处发现了其中2人的尸体，死因不明，另一人下落不明，令人不可思议的是他们的汽车完好，水、汽油都不缺。1996年6月，中国探险家余纯顺在罗布泊徒步孤身探险中失踪。当直升机发现他的尸体时，法医鉴定已死亡5天，既不是自杀也不是他杀，身强力壮的他到底是因何而死呢？ 2003年10月，中国科学院组织了一支罗布泊科学钻探考察队，揭示了罗布泊地区气候环境变化的过程及该地区人类文明变迁的原因。考察队认为，距今7万—8万年前，青藏高原的快速隆升，抬高了罗布泊南面和西面的湖底，罗布泊由南向北迁移，原先巨大统一的古罗布泊分解成现在的台特马湖、喀拉和顺湖和北面较大的罗布泊。而后，随着整个地区的干旱化、冰川萎缩、河流流量减少、人类活动加剧等状况，1972年，罗布泊最终干涸。

罗布泊消失了，如同地球遗落的一滴眼泪，永不见踪影；古楼兰国也衰亡了，只留下千年沧桑的伤痕。现在的罗布泊，留给人们的只有神秘、悬疑和惊恐。也许它的消失也在时刻提醒人类对现有资源的珍惜，不要出现更多消失了的罗布泊。

知识链接 >>>

1972 年 7 月，美国宇航局发射的地球资源卫星拍摄的罗布泊的照片上，罗布泊竟酷似人的一只耳朵，不但有耳轮、耳孔，甚至还有耳垂。对于这只地球之耳是如何形成的？有观点认为，这主要是 50 年代后期来自天山南坡的洪水冲击而成。洪水流进湖盆时，穿经沙漠，挟裹着大量泥沙，冲击、溶蚀着原来的干湖盆，并按水流前进方向，形成了水下突出的环状条带。

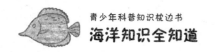

惊悚的骷髅海岸

在非洲纳米比亚的纳米布沙漠和大西洋冷水域之间，有一片白色的沙漠，叫骷髅海岸。1933 年，一位瑞士飞行员诺尔从开普敦飞往伦敦时，飞机失事，坠落在这个海岸附近。

有人指出诺尔的骸骨终有一天会在"骷髅海岸"找到，骷髅海岸从此得名。可是诺尔的遗体一直没有发现，但给这个海岸留下了名字。这条海岸备受烈日煎熬，显得异常荒凉，却又异常美丽。从空中俯瞰，骷髅海岸是一大片褶痕斑驳的金色沙丘，从大西洋向东北延伸到内陆的沙砾平原，沙丘之间闪闪发光的蜃景从沙漠岩石间升起。围绕着这些蜃景的是不断流动的沙丘，在风中发出隆隆的呼啸声，交织成一首奇特的交响乐。然而貌似美丽的外表下却暗藏凶险。500 千米长的骷髅海岸沿线充满危险，有交错的水流、8 级大风、令人毛骨悚然的雾海和深海里参差不齐的暗礁。来往船只经常失事，传说有许多失事船只的幸存者跌跌撞撞爬上了岸，庆幸自己还活着，孰料竟慢慢被风沙折磨致死。因此，骷髅海岸布满了各种沉船残骸和船员遗骨。

1943 年在这个海岸沙滩上发现 12 具无头骸骨横卧在一起，附近还有一具儿童骸骨，不远处有一块风雨剥蚀的石板，上面有一段话："我正向北走，前往 60 里外的一条河边。如有人看到这段话，照我说的方向走，神会帮助他。"这段话写于 1860 年，至今没有人知道遇难者是谁，也不知道这些骸骨是怎样遭劫而暴尸海岸的，为什么都掉了头颅。1859 年，瑞典生物学家安迪生来到这里，感到一阵恐惧向他袭来，使他不寒而栗。他大喊："我宁愿死也不要流落在这样的地方。"南风从远处的海吹上岸来，纳米比亚布须曼族猎人称这种风为"苏乌帕瓦"，风吹来时，沙丘表面向下塌陷，沙粒彼此剧烈摩擦，发出咆哮之声。对遭遇海难后在阳光下暴晒的海员以及那些在迷茫的沙暴中迷路的冒险家来说，海风有如献给他们灵魂的挽歌。

　　这片惊悚海岸用无数的鲜血实例来述说着自己的可怕，貌似美丽的背后却有无限杀机，让人毛骨悚然。不过，骷髅海岸的恐怖手段也许在隐藏着某些东西，保护着某些东西，那会是什么呢？或许有一天人类会有战胜这恐怖地带的方法来解释这一切。

知识链接 >>>

　　在海岸沙丘的远处，几亿年来由于风的作用，岩石被刻蚀得奇形怪状，仿若妖怪幽灵，从荒凉的地面显现出来。而在南部，连绵不断的内陆山脉是河流的发源地，但这些河流往往还未进入大海就已经干涸了。这些干透了的河床就像沙漠中荒凉的车道，一直延伸至被沙丘吞噬为止。还有一些河，例如流过黏土峭壁峡谷的霍阿鲁西布干河，当内陆降下倾盆大雨的时候，巧克力色的雨水使这条河变成滔滔急流，才有机会流入大海。在海边，大浪猛烈地拍打着缓斜的沙滩，把数以百万计的小石子冲上岸边，带来了新的姿彩。花岗岩、玄武岩、砂岩、玛瑙、光玉髓和石英的卵石被翻上滩头。

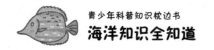
"魔海"威德尔

威德尔海是南极的边缘海，南大西洋的一部分。它位于南极半岛与科茨地之间，最南端达南纬83°，北达南纬70°至77°，宽度在550千米以上。它因1823年英国探险家威德尔首先到达于此而得名。

"魔海"威德尔海的魔力首先在于它流冰的巨大威力。南极的夏天，在威德尔海北部，经常有大片大片的流冰群，这些流冰群像一座白色的城墙，首尾相接，连成一片，有时中间还漂浮着几座冰山。有的冰山高一两百米，方圆200平方千米，就像一个大冰原。这些流冰和冰山相互撞击、挤压，会发出一阵阵惊天动地的隆隆响声，使人胆战心惊。船只在流冰群的缝隙中航行十分危险，说不定什么时候就会被流冰挤撞损坏或者驶入"死胡同"，永远留在这南极的冰海之中。1914年英国的探险船"英迪兰斯"号就被威德尔海的流冰吞噬。

在威德尔的冰海中航行，风向对船只的安全起着至关重要的作用。在刮南风时，流冰群向北散开，这时在流冰群之中就会出现一道道缝隙，船只就可以在缝隙中航行；如果一刮北风，流冰就会挤到一起把船只包围，这时船只即使不会被流冰撞沉，也无法离开这茫茫的冰海，至少要在威德尔海的大冰原中待上一年，直至第二年夏季到来时，才有可能冲出威德尔海而脱险。但是这种可能性是极小的，由于一年中食物和燃料有限，特别是威德尔海冬季暴风雪的肆虐，绝大部分陷入困境的船只难以离开威德尔这个魔海，将永远"长眠"在南极的冰海之中。所以，在威德尔及南极其他海域，一直流传着"南风行船乐悠悠，一变北风逃外洋"的说法。直到今天，各国探险家们还信守着这一信条，足见威德尔海的神威。

在威德尔海，不仅流冰和狂风对人有威力，这里的鲸群对探险家们也是一大威胁。夏季，在威德尔海碧蓝的海水中，鲸鱼成群结队，它们时常在流冰的缝隙中喷水嬉戏，别看它们悠闲自得，其实凶猛异常。特别是逆戟鲸，是一种能吞食冰面任何动物的可怕鲸鱼，是有名的海上"屠夫"。当它发现冰面上有人或海豹等动物时，会突然从海中冲破冰面，伸出头来将其一口吞食掉。以那细长的尖嘴，贪婪地吞噬海豹和企鹅，其凶猛程度令人毛骨悚然。正是逆戟鲸的存在，使得被困威德尔海的人难以生还。

绚丽多姿的极光和变化莫测的海市蜃楼，是威德尔海的又一魔力。船只在威德尔海中航行，就仿佛在梦幻的世界里漂游，它那瞬息万变的自然奇观，既使人感到神秘莫测，又令人魂惊胆丧。有时船只正在流冰缝隙中航行，突然流冰群周围出现陡峭的冰壁，好像船只被冰壁所围，挡住了去路，使人惊慌失措。霎时，这冰壁又消失得无影无踪，使船只转危为安。有的船只明明在水中航行，突然间好像开到冰山顶上，顿时把船员们吓得魂飞魄散。还有当晚霞映红海面的时候，眼前出现了金色的冰山，倒映在海面上，好像向船只砸来，也会给人带来一场虚惊。

在威德尔海航行，大自然不时向人们显示它的魔力，戏弄着人们，使人始终处在惊恐不安之中。经查实，才知道这只是大自然演出的一场闹剧。正是这一场场闹剧，不知将多少船只引入歧途，有的竟为避虚幻的冰山而与真正的冰山相撞，有的受虚景迷惑而陷入流冰包围的绝境之中。

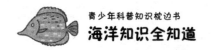
威德尔海是冰冷的海，可怕的海，神奇莫测的海，也是世界上又一个神奇的魔海。

知识链接 >>>

2005年1月21日，中国极地考察船"雪龙"号在威德尔海域开始沿西经8°线向南航行。22日，载着中国第21次南极考察队的"雪龙"号首次穿越了南纬70°线，进入了威德尔魔鬼海域的纵深之地，创造了中国船舶向南航行的纬度最高纪录。在威德尔海沿南极大陆的弧形海湾里，大大小小的冰块遍布海面。"雪龙"号小心翼翼地躲开大冰山，在这片魔鬼海域进行着海洋考察，基本完成了海水取样、生物资源调查等科考项目。24日，中国南极考察队在威德尔海的一座冰山上投放了首枚浮标。这枚由中国自行研制的极区浮标，可以连续不断地从漂移的冰山上，通过卫星向国内发送冰山的温度变化和具体方位。自此，中国终于成为了世界上为数不多的战胜威德尔魔鬼海域的国家之一。

矿藏丰富的红海

科学家研究认为，在距今约4000万年前，地球上根本没有红海，后来在今天非洲和阿拉伯两个大陆隆起部分的岩石基底，发生了地壳张裂。当时有一部分海水乘机进入，使裂缝处成为一个封闭的浅海。在大陆裂谷形成的同时，海底发生扩张，熔岩上涌到地表，不断产生新的海洋地壳，古老的大陆岩石基底则被逐渐推向两侧。后来，由于强烈的蒸发作用，使得这里的海水又

慢慢地干涸了，巨厚的蒸发岩被沉积下来，形成了现在红海的主海槽。

红海是个奇特的海。它不仅在缓慢地扩张着，而且有几处的水温特别高，在50℃以上；红海海底又蕴藏着极为丰富的高品位金属矿床。这些现象长期以来其实并没有得到科学的解释，被称为"红海之谜"。

"红海之谜"在20世纪60年代才有了端倪。海洋地质学家解释说，红海海底有着一系列"热洞"。在对全世界海洋洋底详细测量之后，科学家发现大洋底像陆上一样有高山深谷，起伏不平。从大洋洋底地形图上，我们

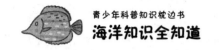

可以看到有一条长 75000 多千米、宽 960 千米以上的巨大山系纵贯全球大洋，科学家把这条海底山系称作"大洋中脊"。狭长的红海正被大洋中脊穿过，沿着大洋中脊的顶部，还分布着一条纵向的断裂带，裂谷宽约 13—48 千米，最窄处也有 900—1200 米。科学家通过水文测量还发现，在裂谷中部附近的海水温度特别高，好像底下有座锅炉在不断地烧一样，人们形象地称它为"热洞"。科学家认为，正是热洞中不断涌出的地幔物质加热了海水，生成了矿藏，推挤着洋底不断向两边扩张。

1974 年，法、美开始联合执行大洋中部水下研究计划。考察计划的第一个目标就是到类似红海海底的亚速尔群岛西南的 124 千米的大西洋中脊裂谷带去考察。经过考察，科学家把海底扩张形象地比作两端拉长的一块软糖，那个被越拉越薄的地方，成了中间低洼区，最后破裂，而岩浆就是从这里喷出，并把海底向两边推开，海底就这样慢慢地扩张着。根据美国"双子星"号宇宙飞船测量，红海的扩张速度约每年 2 厘米。

海洋科学家们的海底考察不仅解决了红海扩张之谜，而且在海底裂谷附近意外地发现了一幅使人眼花缭乱的生物群落图影：热泉喷口周围长满红嘴虫，盲目的短颚蟹在附近爬动，海底栖息着大得异乎寻常的褐色蛤和贻贝，海葵像花一样开放，奇异的蒲公英似的管孔虫用丝把自己系留在喷泉附近。最引人注目的是那些丛立的白塑料似的管子，管子有 2—3 米长，从中伸出血红色的蠕虫。科学家们对与众不同的蠕虫做了研究，这些蠕虫没有眼睛，没有肠子，也没有肛门。解剖发现，这些蠕虫是有性繁殖的，很可能是将卵和精子散在水中授精的。它们依靠 30 多万条触须来吸收水中的氧气和微小的食物颗粒。科学家们对于喷泉口的生物氧化作用和生长速度特别感兴趣。放化试验表明，喷口附近的蛤每年长大 4 厘米，生长速度比能活百年的深海小蛤快 500 倍。这些蠕虫和蛤肉的颜色红得令人吃惊，它们的红颜色是由血红蛋白造成的，它们的血红蛋白对氧有高得非凡的亲和力，这可能是生物对深海缺氧条件的一种适应性。

生物学家们认为，造成深海绿洲这一奇迹的是海底裂谷的热泉。1947年，瑞典的"信天翁"号调查船，曾经来过红海考察，发现了海底裂谷处的几个热源。后来，美国的"亚特兰蒂斯"2号和英国"发现者"号，也相继到这里调查，证实了这些热源的存在，并测得了这里的水温高达56℃，盐度高达7.4%—31.0%。而在正常情况下，热带海面的水温一般最高只有30℃，至于深层水温一般只有4℃。海水的盐度一般在3.5%左右。红海底裂谷处，水温高出十几倍，盐度高出2—9倍，实在令人吃惊。热泉使得附近的水温提高到12℃—17℃，在海底高压和温热下，喷泉中的硫酸盐便会变成硫化氢，这种恶臭的化合物能成为某些细菌新陈代谢的能源。细菌在喷泉口迅速繁殖，可以达到每立方厘米100万个。大量繁殖的细菌又成了较大生物如蠕虫甚至蛤得以维护生命的营养，在喷泉口的悬浮食物要比食饵丰饶的水表还多4倍。这样，来自地球内部的能量维持了一个特殊的生物链。科学家称这一程序为"化学合成"。

　　科学家们在加拉帕戈斯水下裂谷附近2500米深处的海底一共发现了5个这样的绿洲。全世界海洋中的裂谷长达75000多千米，其中有许多热泉喷出口。那么总共会有多少绿洲呢？还会有更多的生物群落出现吗？这些问题不仅关系到人类对海洋的开发，还涉及生命起源这一基础理论课题的研究。初步考察的成功激起了人们更强烈的好奇心，大洋深处或许有更多的秘密在等待着人类去发掘。

知识链接 >>>

　　红海是印度洋的陆间海，实际是东非大裂谷的北部延伸。按海底扩张和板块构造理论，红海和亚丁湾是海洋的雏形。

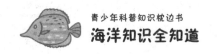
传说中的海洋巨蟒

传说公元 9 世纪，阿尔弗雷德大帝，一位多次阻遏丹麦大军入侵英格兰且智慧而博学的英格兰国王在他的羊皮纸簿中写道："在深不可测的海底，北海巨妖正在沉睡，它已经沉睡了数个世纪，并将继续安枕在巨大的海虫身上，直到有一天，海虫的火焰将海底温暖，人和天使都将目睹，它带着怒吼从海底升起，海面上的一切都将毁于一旦。"英格兰国王描述的这个"北海巨妖"即北

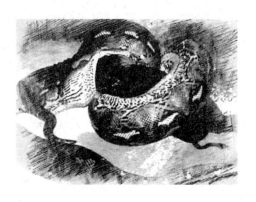

欧传说中的巨大海怪，或称海洋巨蟒。海怪至少有 30 米长，它们平时伏于海底，偶尔会浮上水面，有的水手会将它的庞大躯体误认为是一座小岛。这种海怪威力巨大，据说可以将一艘三桅战船拉入海底，因而说起这种海怪，人们往往会不寒而栗。那么，这种言之凿凿的传闻是真的吗？

1817 年 8 月，自称曾在美国马萨诸塞州格洛斯特港海面上亲眼见过海洋怪兽的索罗门·阿连船长记述道："当时，像海洋巨蟒似的家伙在离港口约 130 米左右的地方游动。这个怪兽长约 40 米，身体粗得像半个啤酒桶，整个身子呈暗褐色，头部像响尾蛇，大小如同马头。它在海面上一会儿直游，一会儿绕圈游。它消失时，会笔直地钻入海底，过一会儿又从 180 米左右的海面上重新出现。"这艘船上的木匠马修和他的弟弟达尼埃尔及另一个伙伴，同乘一条小艇在海面上垂钓时，也遇到了巨蟒。马修之后回忆说："我在怪兽距离小艇约 20 米左右时开了枪。我的枪很好，射击技术也不错，我瞄准了怪兽的头开枪，肯定是命中了。谁知，怪兽就在我开枪的同时，朝我们游来，没等靠近，就潜下水去，从小艇下钻过，在 30 多米远的地方重又浮出水面。要知道，这只怪兽不像平常的鱼类那样往下游，而像一块岩石似的笔直地往下沉。我是城里最好的枪手，我清楚地知道自己射中了目标，可是海洋巨蟒似乎根本就没受伤。当时，我们吓坏了，赶紧划小艇返回到船上。"

类似的经历也发生在 1851 年 1 月 13 日清晨，美国捕鲸船"莫侬加海拉"号正航行在南太平洋马克萨斯群岛附近海面，突然，站在桅杆瞭望的一名海员惊呼起来："那是什么？从来没见过这种怪物！"船长希巴里闻讯奔上甲板，举起单筒望远镜向远处看去："哦，那是海洋怪兽，快抓住它！"随即，从船上放下三条小艇，船长带着多名船员手执锋利的长矛、鱼叉，划着小艇向怪兽驶去。那是个庞然大物，只见这只怪兽身长足有 30 多米，颈部也有几米粗细，最不可思议的是身体最粗的部分竟达 10 米左右。该兽头部呈扁平状，有清晰的皱褶，背部为黑色，腹部则为暗褐色，中间有一条不宽的白色花纹。这怪兽犹如一条大船，在海中游弋，看到这样的景象，船员们一时都惊呆了。"快刺！"当小艇快靠近怪兽时，船长声嘶力竭地喊道。十几只鱼叉、长矛立即向怪兽刺去，顿时，血水四溅，突然受伤的怪兽在大海里挣扎、翻滚，激起阵阵巨浪。船员们冒着生命危险，与怪兽殊死搏斗，最后怪兽终因寡不敌众，力竭身亡。船长将怪兽的头切下来，撒些盐榨油，竟榨出 10 桶像水一样清澈透明的油。遗憾的是，"莫侬加海拉"号在返航途中遭遇海难，仅有少数几名船员获救，他们向人们讲述了这个奇特的海洋怪兽的故事。

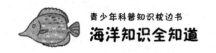

同样，1848 年 8 月 6 日，英国战舰"迪达尔斯"号从印度返回英国，当战舰途经非洲南端的好望角向西驶去约 500 千米时，瞭望台上的实习水兵萨特里斯突然大叫了起来："一只海洋怪兽正朝我们靠拢！"船长和水兵们急忙奔到甲板上，只见在距战舰约 200 米处，那只怪兽昂起头正朝着西南方向游去，这只怪兽仅露出水面的身体便长约 20 多米。船长拿着望远镜紧紧盯着这只渐渐远去的怪兽，将目睹的一切详细记载在当天的航海日志上。回到英国，船长向海军司令部报告了此事，并留下了亲手绘制的海洋怪兽图像。

类似的目击事件，后来频频发生，不仅在太平洋、大西洋、印度洋，甚至在濒临北极的海域，也有许多人看到过这种传说中的海洋巨蟒。1875 年，一艘英国货船在距南极不远的洋面发现海洋巨蟒，当时，它正与一条巨鲸在搏斗；1877 年，一艘豪华邮轮在格拉斯哥外海发现巨蟒，在距邮轮 200 多米的前方水域，巨蟒在回旋游弋；1910 年，在临近南极海域，一艘英国拖网渔轮与巨蟒狭路相逢，这条巨蟒曾昂起头向渔轮袭来；1936 年，在哥斯达黎加海域航行的定期班轮上，8 名旅客和 2 名水手曾目击海洋巨蟒；1948 年，一艘游船在南太平洋航行，4 名游客看见身长 30 多米、背上有好几个瘤状物的海洋怪兽。

据说在 20 世纪初，对海洋学极有兴趣的摩纳哥大公阿尔伯特一世，为了捕获传说得沸沸扬扬的海洋巨蟒，还建造了一艘特别的探险船，装备了能吊起数吨重物的巨大吊钩，以及长达数千米的钢缆，同时船上还特别准备了 12 头活猪作为诱饵。可惜该船远赴大洋几经搜索，终因未遇海洋巨蟒而悻悻而归。

一个国际研究小组根据哥伦比亚北部出土的蛇类骨架化石推测，5500万年前生活在南美洲热带地区的一种巨蛇，可能是已知蛇类中最长的物种。这种远古巨蛇身至少长 13 米，体重能达到 1.135 吨。目前世界上最重的蛇类——绿水蚺的体重也不过 250 千克。研究人员指出，蛇是冷血动物，其体形大小受外界温度影响很大。上述远古巨蛇体形如此之大，说明南美洲赤道地区在5500万年前可能比现在更热。研究人员推测，6000万年前，南美洲赤道地区的年平均气温可能达到32.8℃。迄今，"北海巨妖"抑或海洋巨蟒，究竟是何等动物，仍是一个未解之谜。

 知识链接 >>>

北海巨妖指的是北欧神话中的一种巨型海怪，据说居住在挪威和格陵兰岛海岸附近，平时伏于海底，当它浮上水面时，有些水手会误把它的身体当作一座小岛，甚至会登上这座"小岛"，在上面安营扎寨，结果在它沉下去的时候葬身海底。传说北海巨妖将在世界末日到来的时候浮出水面。

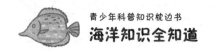
海洋工程

海洋工程是应用海洋基础科学和有关技术学科开发利用海洋所形成的一门新兴的综合技术科学，也指开发利用海洋的各种建筑物或其他工程设施和技术措施。海洋开发利用的内容主要包括：海洋资源开发，如开发生物资源、矿产资源、海水资源等；海洋空间利用，如沿海滩涂利用、海洋运输、海上机场、海上工厂、海底隧道、海底军事基地等；海洋能利用，如潮汐发电、波浪发电、温差发电等；海岸防护；等等。

"海洋工程"这一术语是 20 世纪 60 年代开始提出的，它的内容也是近三四十年以来随着海洋石油、天然气等矿产的开采逐步发展充实起来的。按海洋开发利用的海域，海洋工程可以分为海岸工程、近海工程和深海工程，但三者也会有所重叠。在海岸带进行的各项建设工程，属海洋工程的重要组成部分，主要包括围海工程、海港工程、河口治理工程、海上疏浚工程和海岸防护工程、沿海潮汐发电工程、海上农牧场、环境保护工程渔业工程等。由于水下地形复杂和径流入海的影响，海流、海浪和潮汐都有显著的变形，形成了破波、涌潮、沿岸流和沿岸漂沙，特别是发生风暴潮的时候，海上的状况更是万分险恶，使海岸工程受到严重的冲击，甚至造成破坏。在寒冷的地区，海洋工程还会受到冰冻和流冰的影响。

海洋工程起源于为海岸带开发服务的海岸工程。地中海沿岸国家在公元前1000年已开始航海和筑港；中国早在公元前306—前200年就在沿海一带建设港口，东汉（公元25—220年）时开始在东南沿海兴建海岸防护工程；荷兰在中世纪初期也开始建造海堤，并进而围垦海涂，与海争地。

长期以来，随着航海事业的发展和生产建设需要的增长，海岸工程得到了很大的发展，从20世纪后半期开始，世界人口和经济迅速膨胀，对蛋白质、能源的需求量也迅速增加，随着开采大陆架海域的石油与天然气，以及海洋资源开发和空间利用规模不断扩大，与之相适应的近海工程成为近年来发展最迅速的工程之一。其主要标志是出现了钻探与开采石油（气）的海上平台，作业范围已由水深10米以内的近岸水域扩展到了水深300米的大陆架水域。海底采矿也由近岸浅海不断向较深的海域发展，现已能在水深1000多米的海域钻井采油，在水深6000多米的大洋进行钻探，在水深4000米的洋底采集锰结核。

海洋潜水技术发展也很快，现在人类已能进行饱和潜水，载入潜水器下潜深度可达10000米以上，还出现了进行潜水作业的海洋机器人。这样，大陆架水域的近海工程（或称离岸工程）和深海水域的深海工程均已远远超出海岸工程的范围，所应用的基础科学和工程技术也超出了传统海岸工程学的范畴，从而形成了新型的海洋工程。

海洋工程的结构形式很多，常用的有重力式建筑物、透空式建筑物和浮式结构物。重力式建筑物适用于海岸带及近岸浅海水域，如海堤、护岸、码头、防波堤、人工岛等，以土、石、混凝土等材料筑成斜坡式、直墙式或混成式的结构。透空式建筑物适用于软土地基的浅海，也可以用于水深较大的水域，如高桩码头、岛式码头、浅海海上平台等。其中海上平台以

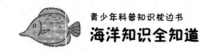
钢材、钢筋混凝土等建成，可以是固定式的，也可以是活动式的。浮式结构物主要适用于水深较大的大陆架海域，如钻井船、浮船式平台、半潜式平台等，还可以用作石油和天然气勘探开采平台、浮式贮油库和炼油厂、浮式电站、浮式飞机场、浮式海水淡化装置等。近十多年来人类还在发展无人深潜水器，用于遥控海底采矿的生产系统。

海洋环境复杂多变，海洋工程常要承受台风（飓风）、波浪、潮汐、海流、冰凌等的强烈作用，在浅海水域还要受复杂地形以及岸滩演变、泥沙运移的影响。温度、地震、辐射、电磁、腐蚀、生物附着等海洋环境因素，也对某些海洋工程有影响。因此，进行建筑物和结构物的外力分析时考虑各种动力因素的随机特性，在结构计算中考虑动态问题，在基础设计中考虑周期性的荷载作用和土壤的不定性，在材料选择上考虑经济耐用等，都是十分必要的。海洋工程耗资巨大，事故后果也很严重，对其安全程度严格论证和检验是必不可少的。

海洋资源开发和空间利用的发展，以及工程设施的大量兴建，会给海洋环境带来种种影响，如岸滩演变、水域污染、生态平衡恶化等，这都必须给予足够的重视。除进行预报分析研究、加强现场监测外，还要采取各种预防和改善措施。

知识链接 >>>

海洋工程范围宽泛，对海洋的探索有助于人类对海洋的开发与利用。海洋工程是探索与建设的双重结合，在此过程中，对海洋的保护成为重中之重，要在探索中保护利用，而不是探索中毁坏利用。

海底实验室

　　水下实验室的设想是 20 世纪 20 年代提出的。美国的"海中人"1 号和法国的"大陆架"1 号水下实验室率先在地中海试验。到了 1977 年 1 月，苏联的"底栖生物"300 号水下实验室，作业深度已达 300 米，自持力 14 天，可容纳 12 名乘员。当代水下实验室的下潜深度可超过 300 米，在没有补给的情况下，作业期限通常为两周，最长可达 59 天。设置在海底的供科学家和潜水员休

息、居住和工作的活动基地，称水下居住舱。它是根据饱和潜水技术原理设计的，可以移动，是从事水下调查研究和潜水作业的重要工具。

　　水下实验室系统通常由水面补给系统、人员运载舱和水下实验室三部分组成。水下实验室有工作室、寝室和出入口室（闸室），并带有厨房、厕所、浴室等生活设施。其内部气压与设置深度水压相等。气体成分根据水下生活要求一般配制为氮、氧或氦、氮、氧混合气体。实验室内外压力平衡时，海水是不会进入室内的，人员可以通过阀门室自由出入。实验室内压力、温度、湿度和气体成分由仪表自动监控。外部一般附有高压气瓶、

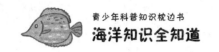
压载水舱和固体压载等，通过压载水舱注、排水使实验室下潜、上浮。

实验室的电力、呼吸气体、淡水和食物由陆上、补给船或补给浮标等补给站，通过电缆、水管、气管组合的"脐带"供应。潜水人员作业完毕返回正常环境之前，要通过减压舱进行减压。水下实验室壳体一般为耐压高强度钢制成，也有采用橡胶、塑料以及丙烯玻璃等材料的。

1962年，美国"海中人"1号和法国"大陆架"1号水下实验室首次在地中海进行试验。初期的水下实验室固定于水下，依靠补给船的起重机吊放海底。以后的水下实验室可以通过压载水舱注、排水，做沉浮的垂直运动，并向作业水深大、自持力强和机动性能好的方向发展。由于通信联络、保暖措施、安全减压等方面仍有难以解决的问题，加上造价昂贵，水下实验室目前仍处于实验研究阶段，今后水下实验室的发展方向是：作业深度大、自持力强、机动性好，同潜水艇、深潜水系统结合成为具有高度机动性能的综合水下活动基地。

在美国佛罗里达州拉哥礁海海底，便有一个名叫"宝瓶座"的海底实验室，它是当今世界仅存并仍在运作的海底研究站。"宝瓶座"被放置在海面下20米深处，外观好似一艘潜水艇，总重量81吨。科学家通常先乘船到它的上方，换上潜水装，再潜入海底。"宝瓶座"虽然体积不大，但可容纳6人居住。科学家们主要在这里研究珊瑚、海草、鱼类等生物和水质等生态环境的变化，并记录自身在海底生活的各种生理状况。通常情况下，科学家可在实验室连续住上数星期，所需食物和工具都被装在防水的罐子里由潜水员定期送往实验室。但是水下生活给科学家们也带来了不少困扰。由于"宝瓶座"里的空气浓度是水平面上的2.5倍，人体吸入氮的含量会随之增高，嗓音会变得奇怪，耳膜也会感觉到较大的压力，就连食物的味道也会变得淡而无味。不过，海底实验室还是给科学家们带来了不小的希望，他们想通过它掌握更多人类在水下生活所需的各种信息，期望有朝一日，人类能向广阔的海洋移民。

　　海底实验室是人类对海洋探索的必然产物，它的出现方便了科学家对海洋生物的观察与研究，是人类与海洋生物接触的媒介，更是人类科学技术取得巨大进步的一个证明，相信会有更多的科学实验与惊人发现在这里产生，成为人类的骄傲。

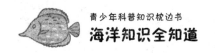
粘船的大海

100多年前，在大西洋西北洋面上，有一艘船正在进行着捕捞作业。

工作人员把网撒到海里，便拖着渔网前进。突然，船速变慢了，仿佛从沙滩上奔向大海的人一下水就走不动似的。船员们非常吃惊，脑海里立刻闪现出一系列海怪的传说，难道自己的船被海怪攫住了？恐怖感立刻笼罩全船。于是船长命令全速前进，可是任凭机器怎么吼，螺旋桨怎么转，船却纹丝不动。会不会是渔网拖住了什么东西？船长下令："收网！"船员们拼命地往上拉渔网。但是，船员们越拉就越害怕，因为从来都是撒开的渔网，今天却被卷成长长的一缕，仿佛有一只巨手扯着渔网，要把渔船拖向可怕的深渊。"弃网！"船长胆怯地下令。船员们立刻操起斧头，瞬间就把渔网砍断了。然而，这一切都无济于事，渔船仿佛被粘住了一样，怎么也动不了。船员们惊恐万分，有的祈祷上帝保佑，有的哀求海怪宽恕……

正当船员们绝望的时候，突然有人发现渔船开始动弹了，刚开始是慢慢移动，接着越来越快，终于离开了这个令人恐怖的地方。渔船返港后船员们向亲人诉说着这次奇遇，可船好好的为什么会被海水"粘"住？他们除了解释是海怪作祟外，谁也说不清到底是怎么回事。在 1983 年 6 月 19日，也发生过类似的事情，挪威探险家航行到了俄国的喀拉海的太尔半岛时，船也被海水"粘"住了。

　　这片粘船的神秘海底其实就是科学家和军事家们常说的"液体海底"。液体海底是由于海水中各处密度不同而形成的密度跃层。其实海水密度与温度、盐度、深度及地理经纬度等许多因素有关。通常情况下，在同一海域中一定温度范围内，温度低的海水密度比温度高的海水密度大，盐度高的海水密度要比盐度低的海水密度大。所以，通常在江河入海口处，由于江河中淡水的冲入，常常会形成明显的密度跃层；在寒冷地区的夏季，由于海上浮冰的融化，无盐的水层分布在高盐度高密度的海水上时，也很容易产生密度跃层；海水表面接受太阳光的照射，表面温度会升高，海水的密度就较低，而同一海域深处的海水，由于太阳光难以透过那几百甚至几千米的海水，所以深处海水温度会比较低，又因盐度较高，水深压力大，因此，海水的密度就较高，这样也可能形成密度跃层，即产生液体海底。

　　目前，密度跃层已经被军事科学家们广泛应用，潜艇在密度跃层上因浮力跃变，各部位所受浮力不同，就像停在真正的海底上一样，能稳稳当当地停留在密度跃层上，而无需担忧出现翻艇亡人等海难。此外，由于密度跃层上下界面液体密度的不同，光波、声波等经过这里时都会产生反射和折射等现象，潜艇一旦遇到较为强大的空中或水面来敌的追击，只要迅速地钻到液体海底的下部，敌飞机或水面军舰上的各种对潜搜索器材便失去效能，因为这些搜索器材所发出的声、光波大都被反射回来，就算有少量信号能透过液体海底，由于密度跃层上下密度的不同而产生折射现象，也无法确定潜艇潜藏的位置。这样，潜艇便可借助于液体海底与水面舰艇和空中飞机在茫茫大海上"捉迷藏"了。

　　目前液体海底的用途并没有全部开发出来，随着海洋科学的发展，海

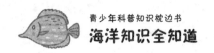
洋旅游业，尤其是深海旅游业的发展，液体海底的开发利用将会成为未来的开发重点，那时，它将为人类做出更大的贡献。

密度跃层不仅对水面船只和潜艇安全航行有影响，而且对海洋生物的影响也非常大。因为密度跃层犹如在海水中隔了一层屏障，使上、下层海水之间的循环、对流受阻。这样，下层海水的鱼类和其他生物所必需的溶解气体一旦用尽，又无法从上层水中得到相应的补充，就会窒息而死。同样，上层水中海洋生物所需要的营养盐也得不到下层水的供应，不易生长和繁殖。所以，有经验的渔民有意远离有密度跃层的海域，因为这些海域无鱼可捕。

"海上坟地"马尾藻

马尾藻海位于百慕大三角区的东面，这里的海平面要比美国大西洋沿岸高出1.2米，可是，这里的水却不会流出去。在这里，生长了大量的马尾藻，使茫茫的大海铺满了几尺厚的海藻，海风吹来，海草起起伏伏，呈现出一种别致的海上草原风光。这片海域中的马尾藻没有根，整个植株像一片柔软的海绵漂浮在海里。最令人不解的是，这个奇特"草原"还会"变魔术"：它时隐时现，有时这些郁郁葱葱的水草会突

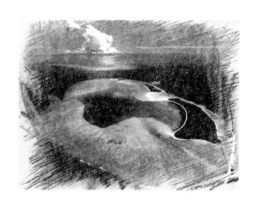

然消失，有时又会突然布满海面。表面恬静文雅的"草原"海域，其实是一个可怕的陷阱，充满奇闻的百慕大"魔鬼三角区"几乎全部在这里，经常有飞机和海船在这里神秘地失踪。因此，马尾藻海被称为"海上坟地"。

这片水域真的那么诡异吗？自古以来，误入这片"绿色海洋"的船只几乎没有回来的。在帆船时代，不知有多少船只，因为误入这片奇特的海域，被马尾藻死死地缠住，船上的人因淡水和食品用尽而油尽灯枯。其实最先进入这片海域的是哥伦布，在大西洋上航行了多日的哥伦布探险队，

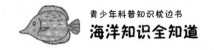
在 1492 年 9 月 16 日，忽然望见前面有一片广阔的"草原"。他以为寻找的陆地就在眼前，就欣喜地命令船队加速前航。然而，驶近"草原"以后却令人大失所望，那根本不是陆地，原来这是长满海藻的一片汪洋。更恐怖的是，这里风平浪静，死水一潭，哥伦布凭着自己多年的航海经验，感到面前的危险处境，亲自上阵开辟了一条航道，经过 3 个星期的拼搏，他们才逃出这可怕的"草原"。哥伦布把这片恐怖的大海叫作萨加索海，意思是海藻海。

在第二次世界大战中，英国奥兹明少校也去过马尾藻海，海上无风，但这"绿野"发出令人作呕的奇臭，到处是毁坏了的船骸。海藻表面有极大的黏性，吸住人的手后，竟会留下了血痕。到了晚上，海藻像蛇一样爬上船的甲板，将船团团裹住，为了航行，他只好把海藻扫掉，可是海藻却越来越多，像潮水一样涌上甲板。经过一番搏斗，筋疲力尽的他侥幸得以逃生。

在航海家们眼中，马尾藻海便是"海上荒漠"和"船只坟墓"。在这片空旷而死寂的海域，几乎捕捞不到任何可以食用的鱼类，只有海龟和偶尔出现的鲸，此外就是那些单细胞的水藻。在众口流传的故事中，马尾藻海被形容为一个恐怖的陷阱，经过的船只会被带有魔力的海藻捕获，陷在海藻群中出不来，最终只剩下船只的残骸和水手的累累白骨。而百慕大三角作为这一海域上最著名的神秘地带，则将这些传说的恐怖推向了极致。

马尾藻海是大西洋中一个没有岸的海，围绕着百慕大群岛，与陆地无任何瓜葛，所以它名虽为"海"，但实际上并不是严格意义上的海，只能说是大西洋中一处特殊的水域。马尾藻海上大量漂浮的植物马尾藻属于褐藻门、马尾藻科，是最大型的藻类，是唯一能在开阔水域上自主生长的藻类。这种植物一般不会生长在海岸岩石及附近地区，而是以大"木筏"的形式漂浮在大洋中，直接在海水中摄取养分，并通过分裂成片、再继续以独立生长的方式蔓延开来。

据调查，这一片海域中共有八种马尾藻，其中有两种在数量上占绝对优势。以马尾藻为主，再加上几十种以海藻为宿主的水生生物又形成了独特的马尾藻生物群落。马尾藻海的海水盐度和温度很高，因为它远离大陆而且多处于副热带高气压带之下，少雨而蒸发强；水温偏高则是因为暖洋流的影响，著名的湾流经马尾藻海北部便向东推进，北赤道暖流则经马尾藻海南部向西部流去；洋流的运动又使得马尾藻海水流缓慢地作顺时针方向转动。马尾藻海最明显的特征是透明度大，因为马尾藻海远离江河河口，浮游生物极少，海水碧青湛蓝，透明度深达66.5米，有一些海区可达72米。一般来说，热带海域的海水透明度较高，但世界上没有一处海洋会有如此之高的透明度。

知识链接 >>>

　　在海洋学家和气象学家的共同努力下，马尾藻海"诡异的宁静"和船只莫名被困的原因被找出来了。原来，这块面积达300万平方公里的椭圆形海域正处于4个大洋流的包围中，西面的湾流、北面的北大西洋暖流、东面的加那利寒流和南面的北赤道暖流相互作用，使马尾藻海以顺时针方向缓慢流动，这就是这里异乎寻常"平静"的原因。正是这种原因，才会使古老的依赖风和洋流助动的船只在这片海域踟蹰不前。

地中海的"死亡三角区"

在广阔的海洋中，有一片陆地环绕的地中海，在人类看来十分平静安逸。可是看似风平浪静海上却潜藏着一块魔鬼三角区，这个三角区位于意大利本土的南端与西西里岛和科西嘉岛 3 座岛屿之间，叫泰伦尼亚海。这个三角区域里，曾有几十艘船只和飞机被不明不白地吞没。

1964 年 7 月 26 日 22 点 30 分，特纳里岛海岸电台收到一艘轮船发来的含糊不清的"SOS"呼救信号，但却没收到船名和方位，23 点整，该电台又收到一个相同的告急信号后就什么也听不到了。这艘船是名叫"马埃纳"号的捕鱼船，有 16 名渔民丧生。第二天上午 10 点 45 分，这个电台收到另一艘渔船发来的电报，说在该海域发现了 7 具穿着救生衣的尸体。经过 3 天搜寻，人们又先后找到 5 具尸体，其余 4 人下落不明。但令人可疑的是，"马埃纳"号在相隔半小时的两次呼救信号中船员怎么却没逃生？为什么两次都报不出自己的船名和方位？如果说穿救生衣的人是被淹死的话，可遇难地点离海岸仅仅一海里，为什么那些水性娴熟的船员没有一个人游到岸边？船员被饿死的说法似乎也说不通，因为最先被捞出的 7 人最多只在海里待了 9 个小时；船上也没有发生过爆炸事故，并且被捞人员尸体没有伤痕。同年 8 月 8 日，西班牙报纸刊登消息说："没有一个合情合理的解释。"

在地中海土伦海域的海底有很多深沟，被认为是试验深潜器性能的好地方。1968 年 1 月 20 日，载有 52 名艇员的法国"密涅瓦"号潜艇在该地试验时突然失踪。法国军方派出 30 多艘装有先进声呐仪的海军舰船和侦察机及救生机进行搜救工作。应法国政府要求，美国也派出专门用于海底搜寻工作的船只"海燕"号进行协助。"海燕"号还在同一海域搜寻两天前失踪的以色列潜艇"达喀尔"号，经过仔细搜寻却什么也没有发现，就这样"密涅瓦"号和"达喀尔"号永远地从地球上消失了。两艘潜艇在两天内于同一海域神秘失踪，让人们感到震惊和不可思议。所有假设都被法国军方和专家们否定，法国军方说："那种认为它们遭到同一个敌人进攻的假设，就像它们失踪本身一样神秘、异想天开。"专家们则认为两艘潜艇在两天内连续失踪纯属巧合。

1969 年 5 月 15 日 18 时左右，西班牙海军的一架"信天翁"式飞机在阿尔沃兰海域也莫名其妙地栽进了大海。机长麦克金莱上尉幸存下来，被医院抢救后他根本说不清飞机出事的原因。出事地点离海岸仅一海里，人们打捞起两名机组人员的尸体，军方派军舰和潜水员仔细搜寻了几天，另外 5 名却始终没有找到。无独有偶，1969 年 7 月 29 日 15 时 50 分左右，西班牙海军的另一架"信天翁"式飞机又在同一海域执行反潜警戒任务时神秘失踪。机上乘员都是海军上校和中校，机长博阿多发出的最后呼叫是"我们正朝巨大的太阳飞来"，令人们无法解释。军事当局动用十余架飞机和四艘水面舰船搜寻了广阔的海域，但仅仅找到失踪飞机上的两把座椅。

1975 年 7 月 11 日 10 点 30 分，西班牙空军学院的四架"萨埃塔"式飞机正在进行集结队形的飞行训练，突然一道闪光掠过，之后四架飞机一齐向海面栽去。营救后仅找到了 5 名机组人员的尸体。四架飞机刚起飞几分

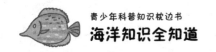
钟为什么要一同朝大海扑去呢？军方无可奉告，报界仅说原因不明。

1980年6月某日上午8时，一架意大利班机准时从布朗起飞，此行目的地是西西里岛的巴拉莫城，预计航程所需时间为1小时45分钟。当该机飞行了37分钟时，机长向塔台报告了自己的位置在庞沙岛上空之后，就再也没有消息了，谁也不清楚这架飞机是怎么失踪的。机上81名乘客和机组人员踪迹全无，飞机无影无踪。

最近的一次失踪事件颇为蹊跷，两艘渔船在海上捕鱼，地点在庞沙岛西南偏西大约46海里处，一艘名叫"沙娜"号的渔船上有8名船员在认真工作，而另一艘名叫"加萨奥比亚"号的渔船则有11名船员，当时两艘渔船不仅保持着通话、联系，而且灯光也相互看得见。但是拂晓时分，"加萨奥比亚"号却发现"沙娜"号不见了，起初以为它开走了，但有这么丰富的鱼群，没有作业完毕的"沙娜"号为什么要开走？为此，"加萨奥比亚"号船长向基地作了报告。3小时后一架意大利海岸巡逻直升机到了这一海域。令人惊奇的是，这时不仅看不见"沙娜"号，就连不久前刚刚汇报"沙娜"号失踪的"加萨奥比亚"号也消失不见了，深感奇怪的直升机仔细搜索了每一片海域，直到飞机油箱里的油料不多了。该直升机才在通知了在附近海域的一艘大型捕鱼船协助搜索，留意情况之后离开。这艘名叫"伊安尼亚"号的捕鱼船的船长说，他们的船3小时以内就可抵达这片海域，将会注意那里失踪船只的求救信号并在那里过夜。第二天清晨，3架直升机再次来到这一区域搜索，奇怪的是，连"伊安尼亚"号也不见了。从此，这3艘船只连同船上的51名乘员，就在这看似风平浪静的海面上离奇失踪了，而且一点痕迹没有留下。

地中海的三角区已是诡异与恐怖的代名词，很难设想在未来的时间里是否还会发生船员失踪的事情。不过，地中海尽管神秘莫测，但随着科学技术的进一步发展，人们总有一天能够揭开它们的神秘面纱，用科学的方法还原事实真相。

在地中海爱奥尼亚海域，有一个许多世纪以来一直在吞吸着大量海水的"无底洞"，每天失踪于这个"无底洞"里的海水有3万吨之多。为了揭开这个秘密，科学家们把一种经久不变的深色染料溶解在了海水中，观察染料是如何随海水一起沉下去的。接着又察看了附近的海面以及岛上的各条河、湖，希望能够发现这种染料的踪迹和同染料在一起的那股神秘水流，然而却没有任何结果。第二年他们又进行了新的实验：他们用玫瑰色的塑料小粒给海水做了"记"号，他们把130千克重的这种肩负特殊使命的物质统统掷入打着旋的海水里，一会儿所有塑料小粒就被旋转的海水聚成一个整体，然后全部被无底深渊所吞没。科学家们对这次试验寄予了极大的期盼，然而，他们的计划仍然是落空了。至今谁也不知道为什么这里的海水竟然会没完没了地"漏"下去。这个"无底洞"的出口又在哪里呢？每天大量的海水究竟流淌到哪里去了呢？地中海"无底洞"成了千古之谜。

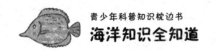
诡异的日本龙三角

有一片三角海域，和百慕大一样恐怖诡异的海域。在这片海域，船只神秘失踪，潜艇一去不回，飞机凭空消失，它被称为"最接近死亡的魔鬼海域"和"幽深的蓝色墓穴"。这片三角海域就是——日本龙三角。

自20世纪40年代以来，无数巨轮在日本以南空旷清冷的海面上神秘失踪，它们中的大多数在失踪前没有发出求救信号，也没有任何线索可以解答它们失踪后的相关命运。

在第二次世界大战中，交战双方的潜水艇同样在这里遭遇了厄运。据美军统计：凡在此执行任务或路经此处的美军潜艇中，有1/5因非战斗因素失踪，总数达52艘之多。第二次世界大战后期，为了夺取海上优势，美国海军第38航母特遣队对日本的神风突击队发起了三天三夜的狂轰滥炸。正当美军舰队重新补充燃料准备再战的时候，却不得不在这片海域与恶劣的自然展开了一场生存之战。当时在强大的飓风和18米高恶浪的袭击下，16艘舰船遭到严重破坏，200多架飞机从航母上被掀到了海里，765名美军水兵遇难。这是美国海军在 20 世纪所遭遇最惨痛的自然灾难。

1952 年 9 月 23 日，多名科学家搭乘一艘日本海防研究舰前往龙三角区域研究那里的暗礁，目的是监控海底的异常活动，以从这一角度来解开沉船之谜。船在离港后一直保持着很高的航行速度，按理说用这种速度只需一天时间就能到达研究海域。然而在接下来的 3 天中该船信号全无，于是水上安全厅对外宣布了这艘海防研究舰失踪的消息。当搜救船只赶到这片海域时，只找到了一些残骸和碎片，但是没有一块碎片上刻着船只的名称，也没有一个生还者能够讲述他们的遭遇……随后，纽约时报上刊登了这艘科考船神秘失踪的报道，第一次将全世界的注意力引向了这片魔鬼海域。

与这片海域有关的灾难远不止这些。1957 年 3 月 22 日凌晨 4 点 48 分，一架美国货机从威克岛升空，准备前往东京国际机场。机组成员是 67 名军人，飞行时间预定为 9.5 小时，飞机上准备的燃料足够 13.5 小时的航程。在开头的 8 个小时，飞机飞行状况一切正常。下午 2 点，驾驶员发出信号，预计到达时间为下午 5 点，飞机所有的设备都处于正常状态。此时飞机所处区域天气晴朗，对于飞机飞行而言，条件几近完美。1 小时 15 分钟以后，驾驶员在距东京 300 公里的地方发出信号，空中交通控制中心回复说希望它能够在 2 小时以内到达。然而，这架美国飞机却永远没能降落到东京机场。搜救队在方圆数千千米的海面上来回搜索，最终无功而返。这架为战争而造、飞行条件几近完美的飞机究竟发生了什么事情，直到今天依然无人知晓。

相当于"泰坦尼克"号两倍大小的巨轮"德拜夏尔"号，1980 年 9 月 8 日装载着 15 万吨铁矿石，来到了距离日本冲绳海岸 200 海里的地方。这艘巨轮的设计堪称完美，已在海上航行了 4 年，正是机械状况最为理想的时期，因此，船上的任何人都觉得很安全。当时，船遇上了飓风，但船长对此并不担心，在他眼里，像"德拜夏尔"号这样巨大并且设计精良的货轮，对付这种天气应该毫无问题。他通过广播告诉人们：他们将晚些时候

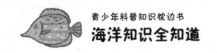
到达港口，最多不过几天而已。可是，岸上的人们在接到了船长发出的最后一条消息——"我们正在与每小时100公里的狂风和9米高的巨浪搏斗"后，"德拜夏尔"号及全体船员便失踪了。在巨轮"德拜夏尔"号在此失踪后，仅仅过了几年，它的两艘姐妹船只也在此遇难。

2002年1月，一艘中国货船"林杰"号及船上19名船员在日本长崎港外的海面上突然消失了。没有求救呼叫，也没发现残骸，货船就仿佛在人间蒸发了，人们无法知道他们遭遇了什么。

日本海防机构每年平均要发布发生在日本周围海域约2500件海事事故报告。鉴于在这里搜寻一艘失踪的船要比从干草堆中找出一根针还要困难得多的实际情况，大部分的官方报告只能将事故原因归于"自然的力量"，也因此终止调查。然而，众多遇难船员的家人绝不希望他们的亲人就这样无声无息地走进黑暗，他们需要更加详尽、更加合理的解释。

日本龙三角的神秘失踪事件，无血腥，却比亲眼见到的死亡更加扑朔迷离，令人毛骨悚然。也许随着时代的变迁，有一天事实真相会呈现在我们眼前。

知识链接 >>>

连续不断的神秘失踪事件引发了人们的好奇心与探索欲望，科学工作者们开始以不同的方式试图去揭开魔鬼海域之谜。由于日本龙三角海域频发众多神奇海难事故，使它赢得了一个"太平洋中的百慕大三角"的恶名。

变幻莫测的"幽灵岛"

在南太平洋的汤加王国西部海域中有一座神秘莫测的小岛，据史料记载：1890 年，它高出海面 49 米；1898 年时，它又沉没在水下 7 米；1967 年 12 月，它却再一次冒出海面；可到了 1968 年，它又消失得无影无踪。就这样，这个岛忽隐忽现，变幻无常。1979 年 6 月，这个神秘小岛又从海上长了出来。由于小岛像幽灵一样在海上时隐时现，出没无常，人们称之为"幽灵岛"。

"幽灵岛"在爱琴海桑托林群岛、冰岛、阿留申群岛、汤加海沟附近海域都曾多次发现过。其实它是海底火山耍的把戏：火山喷发，大量熔岩堆积，火山停止活动后便成岛屿；一段时间后，岛屿下沉、剥蚀，便会隐没在海面下。

历史上有很多实例证实了"幽灵岛"的这一现象：1831 年 7 月 10 日一艘意大利船在途经西西里岛附近时，船长突然发现在东经 12° 42′ 15″、北纬 37° 1′ 30″的海面上海水开始沸腾起来，一股直径大约 200 米、高 20 多米的水柱喷涌而出，刹那间水柱变成了一团 500 多米高的烟柱，并在整个海面上扩散开来。船长及船员们从未见过如此壮观的景观，都被惊得目瞪口呆。

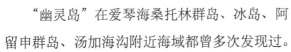

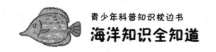
当这只船在 8 天以后返航时，却发现一个冒烟的小岛竟出现在眼前。许多红褐色的多孔浮石和大量的死鱼漂浮在周围的海水中，一座小岛在浓烟和沸水中诞生了。而且在随后 10 多天里它不断地伸展扩张，周长竟然扩展到 4.8 千米，高度也由原来的 4 米长到了 60 多米。

由于这个小岛诞生在突尼斯海峡里，这里航运十分繁忙，地理位置重要，因此马上引起了各国的关注，大量的科学家前往考察。但奇怪的事情发生了，正当人们忙于绘制海图、测量、命名并多方确定其民用、军事价值时，小岛却开始逐渐变小。到 9 月 29 日，在小岛生成后一个多月，它已经缩小了 87.5%；又过了两个月，这个小岛便消失得无影无踪。大量的侦察机、军舰前来寻找均无结果。

8 个月以后，一艘美国潜水艇在北大西洋巡逻，突然发现一座岛屿出现在航道上，但航海图上却从来没有标识过这样一个岛屿。潜水艇艇长罗克托尔上校经常在这一带海域航行，发现这座岛屿后十分震惊，罗克托尔上校通过潜望镜发现岛上竟然有人居住，有炊烟，于是命令潜水艇靠岸登陆。经过询问岛上的居民才知道，这便是 8 个月前失踪的德克尔斯蒂岛。

1943 年，日本海军、空军在太平洋和美军交战中节节失利，设在南太平洋所罗门群岛拉包尔的指挥部遭到了美国空军猛烈轰炸。为了疏散伤病员和转移战略物资，一日本侦察机发现距拉包尔以南 100 多海里的海域有一个无人居住的海岛。这岛上一片生机盎然之景，还有小溪流水，几十平方千米的面积，又不在主航道上，是一个疏散、隐藏伤员的好地方，于是日军便把 1000 多名伤病员和一些战略物资运到这荒无人烟的海岛上。伤病员安居后，日军总部一直和这里保持着联系，经常运来食品和医疗用品。谁知一个多月以后，无线电联系突然中断。日军总部担心美军袭击并占领该岛，马上派出飞机、军舰前来支援，却再也没找到这座岛屿，1000 多人和物资也随小岛一起消失了。美国侦察机也发现过该岛，并拍了详细的照片，发现有日军躲藏，等派出军舰前来搜索时却发现这里是一片海，什么也没有。

这海岛和岛上的 1000 多人哪里去了？战后，日本、美国都派出海洋大型考察船前来这一海域进行搜索，并派出潜水员深入海洋底部找寻了较长时间，却没有任何发现。

就在同一时间，美军为了监视日本海、空军在南太平洋的行踪，在马里亚纳群岛海域一个无人居住的小岛上建造了一座雷达站，它发出强大的电波对周围的海域和天空进行着探测，24 小时和美军总部保持着联系，不断发布着附近海洋和天空的信息，报告日军海、空军行踪。三个月后，电波却突然中断。美军以为雷达站被日军袭击、占领，便派出军舰、飞机前来支援，在马利亚纳群岛海域搜索了几天，却再也没有找到设有雷达站的小岛。岛上的 10 多名美军也一同和小岛神秘失踪了。美军派出潜水艇在这一带进行了海底搜索，但最终一无所获。

在太平洋的战略要地海域，美国中央情报局于 1990 年偷偷地在一座荒无人烟的小岛上，安装了海面遥感监测器，与天上的美国军事间谍卫星遥相呼应，监视苏联海军、核潜艇在太平洋海域的动态。这座"谍岛"获得的情报可以直通五角大楼——美国国防部。凡是在这一带海域过往的商船、军舰及在此出没的潜水艇、飞机等，都在五角大楼的监视之中。1991 年年终的一天，"谍岛"的监察系统和信息突然中断，五角大楼十分惶恐。开始，他们怀疑是苏联的克格勃发现了这个秘密，有意破坏了美国的间谍网点，于是派出了一支以巡洋演习为名的舰队，暗中调查此事。谁知，当舰队赶到出事地点时，"谍岛"已经从大洋中离奇失踪了。美国的科学家们认真地核查了这一带的海洋监测系统，发现这一带海域并没有发生过地震或海啸迫使小岛沉没水中。或许是苏联埋下了数千吨炸药，摧毁了这个小岛？但该岛处于美国间谍卫星的严密监视中，如此大的行动不可能不被发现。即使苏联知道此秘密，也没有必要兴师动众炸毁该岛，只要摧毁岛上的设备就可以了。

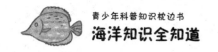

那么"谍岛"是如何失踪的？这让美国的科技人员迷惑不已。他们认真地分析了从太平洋上空过境的卫星高分辨率遥感彩色图像和空中拍摄的照片，结果发现："谍岛"是在原位上失踪的，可是它是如何消失的，消失到了什么地方，人们就无法知道了。

古往今来，许多科学家对"幽灵岛"现象提出了各种不同的解释。法国科学家说由于撒哈拉沙漠之下有巨大的暗河流入大洋，巨量沙土在海底迅速堆积增高一直升出海面，因此便这样形成了临时的沙岛。然而，暗河水会出现越堵越汹涌的情况，开始冲击沙岛，使之迅速被冲垮，并最终被水流推到大洋的远处。美国的海洋地质学家京利·高罗尔教授却提出了完全不同的观点：他认为海洋上的"幽灵岛"的基础其实是花岗岩石，而并非是由泥沙堆积而成。它形成的年代很久远，岛上有茂盛的植物和动物群，是汹涌的暗河流冲击不垮的。那么"幽灵岛"为什么会突然消失呢？他认为"幽灵岛"出现的海域地震频繁，海底强烈的海啸和地震使小岛沉入海底。高罗尔教授还认为，如果太平洋西北部的海底板块产生强烈的大地震使之大分裂的话，日本本岛、九州也同样会出现和"幽灵岛"同样的现象，会沉没在波涛汹涌的大海之中，而且他认为自己并非是在危言耸听。

另有学者认为，这不过是聚集在浅滩和暗礁的积冰，还有人推测这些"幽灵岛"是由古生的冰构成的，后来最终被大海"消灭"。多数地质学家则认为是海底火山喷发的作用形成这种小岛。他们认为，有许多活火山在海洋的底部，当这些火山喷发时，喷出来的熔岩和碎屑物质在海底冷却、堆积、凝固起来；随着喷发物质不断增多，堆积物最终高出于水面，新的岛屿便形成了。有的学者认为，小岛的消失是因为火山岩浆在喷出熔岩后，基底与海底基岩的连接不够坚固，在海流的不断冲刷下，新岛屿自根部被折断，最后消失了。有的学者认为，可能在海底又发生了一次剧烈的爆炸，摧毁了这小岛。还有学者认为，是火山活动引起地壳在同一地点下沉，使小岛最终沉没。

随着时代的改变，科学已经解答了生活中无数的谜团，"幽灵岛"的出现无疑成了科学史上的又一个难题。虽然它至今是未解之谜，但科学家们不同观点的提出证明了人类在困难面前仍在不断探索，当"幽灵岛"的谜团解开之日，或许又会有更奇特的东西走进我们的生活，改变我们的世界。

知识链接 >>>

　　在加拿大东南的大西洋中，有个叫塞布尔的岛。这个岛十分古怪，会移动位置，而且移得很快，仿佛有脚在走。每当洋面刮大风时，它会像帆船一样被吹离原地，进行海上"旅行"。该岛东西长40公里，南北宽1.6公里，面积约80平方公里，呈月牙形。由于海风日夜吹送，近200年来，小岛已经向东"旅行"了20公里，平均每年移动100米。塞布尔岛还是世界上最危险的"沉船之岛"，在这里沉没的海船，先后达500多艘，丧生的人有5000多名。因此，这一带海域，被人们称为"大西洋墓地""毁船的屠刀""魔影的鬼岛"等。

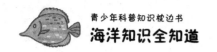

消失的特提斯海

时间在变化，空间也在发生这改变，时间的变化为我们带来了许多东西，同时也让一些东西消失不见。特提斯海就是其中之一，其实特提斯海是否存在也是一个谜团。一百多年前，地质学家提出一个课题：大海的深度是永恒的吗？从那时起，特提斯海就成为世界地学界关注地焦点，也是他们孜孜探求的"热门"研究课题。

1885 年，德国地质学家 M. 诺伊迈尔根据欧亚大陆南部和非洲北部侏罗纪和早白垩世热带、亚热带海生动物群，推断出曾存在一个近东西向中生代赤道海洋的设想，称之为"中央地中海"。1893 年奥地利地质学家 E. 修斯创用"特提斯"一词，来源于古希腊神话中河海之神妻子的名字。由于类似其残存的现代欧洲与非洲间的地中海，故又称古地中海。今位于欧洲和非洲间的地中海为其残留部分，大体沿着阿尔卑斯—喜马拉雅褶皱带分布，自西而东，包括今比利牛斯、阿特拉斯、亚平宁、阿尔卑斯、喀尔巴阡、高加索、扎格罗斯、兴都库什、喜马拉雅等巨大山脉，然后转向东南亚，并延伸至苏门答腊和帝汶，与环太平洋海域连通。

古地中海可能在晚元古代就已经出现，但范围在不同的地史时期有不同的改变。板块构造学说提出后，一般将这一海区称为特提斯洋，代表南北两大陆间具洋壳基底的海洋及其两侧大陆边缘不同深度的海域。同时，人们根据发展历史和位置的不同，将三叠纪以来发展起来的特提斯洋与古生代的"古特提斯洋"进行了区分。古特提斯洋，也称作"第一特提斯""永久特提斯"或"古生代特提斯"，对其范围大小，人们有着不同的认识。

关于特提斯海消失的原因，多年来一直是地学界探索的热门话题，20世纪末、21世纪初，一些地质学家根据当时所获得的资料，再加上推测想象，提出过种种有关特提斯海消亡的假说，后来逐渐形成了两大学派：固定论和活动论。

固定论者认为，如今的地中海其实是一个复合式海盆。在其陆块沉陷与裂合作用下，形成了边缘海，其中频繁的火山活动和地震便是最有力的证明。固定论者还勾画出地中海复合式海盆的某些特征。

我国著名地质学家黄汲清教授所创立的槽台多旋回说，对特提斯海的形成演变做了十分有说服力的论证。例如，在我国大陆及其他地区，就发现了很多特提斯海全盛时期的生物化石、沉积岩石、岩浆石及火山喷发的物质。而且我国新疆还找到了只有在冈瓦纳古陆上生长过的动物水龙兽、二齿兽化石。就连冈瓦纳古陆和欧亚大陆发生碰撞的缝合线，也在我国的西藏、新疆、青海的边界处找到了。不仅如此，人们还认为，阿尔卑斯山—地中海—喜马拉雅山是一条中新世代以来的地震带。

活动论其实是用大陆漂移说、海底扩张说、板块构造说来解释地中海的成因。"格洛玛·挑战者"号钻探船在世界各大洋获得的大量钻孔岩芯资料以及海底古磁性条带的发现，促使人们有更多的理由相信，海底扩张造成了陆地板块的漂移。在这学说的基础上，大西洋在不断扩大，太平洋则在逐渐缩减，而地处欧、非、亚大陆中的地中海，其实正处于逐渐消亡

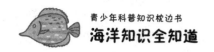

的过程之中。因此有些科学家以为,今天的地中海其实是古特提斯海的一部分。

2.5亿年前的特提斯海位于北方欧亚大陆和南方冈瓦纳大陆之间,由于大陆板块的漂移,南北两大块古老的陆地逐渐靠近,使得东部的特提斯海在阿拉伯板块和印度板块同亚洲板块漂移缝合之后,最终走向灭亡,喜马拉雅山就是板块缝合线上的山脉;西部的特提斯海,因为非洲板块和欧洲板块的靠近,逐渐发生抬升,形成了阿尔卑斯山系。因此,今天的地中海可以认为是古特提斯海的残留部分。

特提斯海研究工作在不断发展,突破了传统的思维模式,克服了板块构造学说带来的难题,获得了新的活力。科学家还在孜孜不倦地继续探究这一课题,相信在不久的将来,研究会有崭新的面貌。

知识链接 >>>

冈瓦纳大陆,因印度中部的冈瓦纳地方而得名。在印度半岛,从石炭纪到侏罗纪,包括其下部的特征冰碛层到较上部的含煤地层,统称为"冈瓦纳(岩)系"。它是大陆漂移说所设想的南半球超级大陆,因此又称"南方大陆"。包括今南美洲、非洲、大洋洲、南极洲以及印度半岛和阿拉伯半岛,研究表明还包括中南欧和中国的喜马拉雅山等地区。上述各大陆被认为在古生代及以前时期曾经连接在一起。

海底金字塔

1978 年，国际潜水中心主任罗歇韦率领一队潜水人员在大西洋中的百慕大三角区进行探测时，他们惊讶地发现：在波涛汹涌的海水中，竟耸立着一座无人知晓的海底金字塔！塔底边长 300 米，高 200 米，塔尖离海面仅 100 米。塔上有两个巨洞，海水以惊人的高速从这两个巨洞中流过，从而卷起狂澜，形成巨大旋涡，使这一带水域的浪潮汹涌澎湃，海面雾气腾腾。

海底金字塔的规模要比大陆上的古埃及金字塔更为雄伟壮观。它的发现使人推测这一带海难多系它引起，同时，它又给史学家带来一个新的难题——由来已久的亚特兰蒂斯帝国是否存在的争论，又再度掀起。人们迷惑不解：在波涛滚滚的海底，人们怎样生存、怎样建造金字塔呢？西方有些学者认为，这座海底金字塔可能原本建造在陆地上，后来发生强烈的地震，随着陆地沉入海洋，这样就使金字塔落到海底了；有些学者猜测，这座海底金字塔可能是长期生活在海底的亚特兰蒂斯人建造的。

几百万年前，百慕大三角海域可能曾经是亚特兰蒂斯人活动的基地之

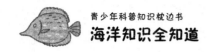
一，海底金字塔可能是他们的一个供应库。美国探险家拍摄到一张满是旋涡状白光影像的照片，有些人怀疑海底金字塔可能是亚特兰蒂斯人专门保护具有"宇宙能"奇特性质和力量的能量场，它能吸引和聚集宇宙射线、磁性振荡或其他未知的能量波，其内部结构可能是一个微波谐振腔体，对放射性物质及其他某些能源有聚集作用。

海底金字塔真的具有这样神奇的作用吗？它真是远古时期亚特兰蒂斯人建造的吗？至今仍是无法解释的一个谜，也是考古史上最大的发现之一。自 1995 年 3 月以来，潜水员在冲绳附近直至与那国岛的海域发现了八处分散的遗址。第一处遗址是一个有趣的方形结构，并不很清晰，且被珊瑚覆盖以至其人造部分无法确认。之后，一位潜水运动员在 1996 年夏天意外地在欧可纳哇南部海面以下 120 米发现了一个巨大的带棱角的平台，无可置疑地为人工产物。经过进一步搜寻，不同的潜水小组又发现了另一个纪念碑及更多人工建筑。他们看到了又长又宽的街道，高大宏伟的楼梯和拱门，切割完美的巨石，所有这些被以前所未见的直线型建筑风格和谐地统一在一起。在随后的数月中，日本的考古学界参与了这一激动人心的发掘工作。训练有素的专业人士同首先发现这一遗址的业余爱好者们在互相尊重的基础上结成联盟，其间体现出的协作精神堪称典范。

他们的共同努力很快有了丰硕成果。不久，在离与那国岛不远处，即冲绳以南 260 多海里的水下 300 米，他们发现了一个庞大的金字塔形结构。这一庞然大物长 720 米，坐落于一个看似用于举行仪式的宽阔地带，两侧有巨大的塔门。由于一般可见度为水下 300 米，这一遗迹的清晰度足以对其进行摄影和摄像记录。这些图像出现在日本报纸的头条新闻中超过一年之久。

前几年，科学家在印度海域发现 9500 年前的一处远古水下废墟。这处水下神秘古城具有完整的建筑结构以及许多人体残骸。更有意义的是，这项研究发现将印度坎贝湾地区所有考古发现的历史提前了 5000 年，使历史学家能够更好地理解该地区的历史文化。据称，这座水下古城被命名为"德瓦尔卡"或者叫作"黄金城"，它曾被人们认为是印度克利须那神的水下城堡。

据国外媒体报道，在世界的某些神秘海底或湖底隐藏着远古人类城市，这些远古建筑遗址其实蕴藏着大量的人类历史信息。许多古城淹没于水下是由于数千年前地震、海啸或者其他自然灾难形成的。许多水下古城仅是近年来才被发现，或者这些远古遗址是通过先进的科学技术手段下实现的。这些神秘的水下古城仍保留着许多秘密，它们的发现让科学家产生了浓厚兴趣，对人类历史文明形成了许多置疑和思考。

知识链接 >>>

海底金字塔是近些年人类在海底发现的类似于金字塔样的人工建筑的总称。这些金字塔的发现将人们的研究引向不同的方向，如海底人、亚特兰蒂斯古国、地壳变迁、外星人等。海洋是广阔而神秘的，人类目前的科学技术有限，无法更多地触摸这神秘海域。要通过海底金字塔研究人类的文明史，还需不断努力。

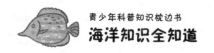
海底"幽灵潜艇"

幽灵潜艇是指在海上神出鬼没的不明潜水物，人类最早发现不明潜水物是在 1902 年。报道说，英国货轮"伏特·苏尔瑞贝利"号在非洲西海岸的几内亚海湾航行时，船员发现了一个半沉半浮在水中的巨大怪物。在探照灯的照射下，船员清楚地看到那个怪物由稍带圆形的金属构

成，中央部分宽约 30 米，长约 200 米，外形很像今天的航天飞机，它不声不响地潜入水中而消失得无影无踪。1906 年 10 月 30 日下午 4 点半，"圣安德鲁"号在距离加拿大不远的海域，遭到从空中飞过的一个形体巨大、闪着耀眼光芒、呈 Z 字形飞行的不明物体攻击。随后，那个物体沉入水中，消失在海底。根据桑德森的研究，那个不明物体显然不是一颗流星，因为流星不会呈 Z 字形飞行，也不能自如地控制飞行速度。《纽约时报》也曾报道了这起事件。

在第二次世界大战期间，在南太平洋，日本联合艇队和美国的航空母舰"小鹰"号曾被一艘神秘的潜艇跟踪，当它被舰艇发现时，就无影无踪

地消失了。在马里亚纳岛，当美日双方舰队激烈交战时，这艘神秘莫测的潜艇又出现了。但它只是观战，不参战。更奇怪的是它救起了许多交战双方落水的水兵，这些水兵被一股神秘的海浪送上了救生艇。这艘潜艇的速度和反应惊人的快，即使在科学技术高度发达的今天，相信世界各国也造不出这样的潜艇。当时，美国海军把这艘神秘的潜艇称之为"幽灵潜艇"，并称谁取得建造"幽灵潜艇"的技术，谁就会在未来的海战中取胜。为此，美国海军在第二次世界大战结束以后，动用潜艇全面在南太平洋各水域搜寻。苏联也不甘落后，也派出核潜艇在太平洋、大西洋各海域搜寻，但谁也未发现"幽灵潜艇"的踪影。

1963 年，美国海军在波多黎各东南部的海面下，发现一个不明物体以极高的速度在潜行。美国海军派出一艘驱逐舰和一艘潜水艇前去追寻。他们追踪了四天，还是让那神秘之物逃脱了。这个水下不明物体，不仅行速快，而且又有奇异的潜水功能，可以下潜至 8000 米以下的深海，令声呐都无法搜索。人们只看到它有个带螺旋桨的尾巴，无法窥清其真实面目。它以 280 千米 / 小时的高速在深达 9 千米的海底航行，美国军舰和潜艇尽力追赶它，却无法赶上。这艘"幽灵潜艇"的性能令人咋舌，因为即使目前人类最先进的潜水器也只能下潜到水下 6000 米左右，在水中的时速不会超过 95 千米。消息披露后，有人估计可能是苏联的潜艇。然而，美国方面称，以现代的加工制造技术，莫说是苏联，连美国都无法制造这种可高速行驶又可下潜深海的物体。

1973 年，在北约海军举行的一次军事演习中，"幽灵潜艇"再次露面。北约集团和挪威、瑞典本国的十多艘军舰在开恩克斯纳海湾企图抓获"幽灵潜艇"。炮弹和深水炸弹雨点般攻击目标，谁知它却毫无声息地消失了。最令人不解的是，"幽灵潜艇"浮出水面时，所有军舰上的无线电通信系统、雷达、声呐等全部失灵，直到"幽灵潜艇"离去才恢复正常。北约最先进的反潜"杀手"鱼雷自动追踪目标，但出乎意料的是，"杀手"鱼雷不仅没

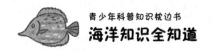
有爆炸，反而消失得踪影全无。

其实，在整个 19 世纪，相类似的报道还有许多。虽然事情发生的地点不同，但对不明潜水物的描述都是圆形，几乎都是悄无声息的，没有听到类似于人类制造的动力系统的轰鸣声。但到目前为止，"幽灵潜艇"是一种怎样的物质无人知晓，它会给人类的未来生活带来怎样的影响，我们也不得而知。或许那是一种更高明的科学技术产物，是我们现有技术所无法解释的，有待我们进一步探索。

知识链接 >>>

关于"幽灵潜艇"，有人认为它并不存在，那些物体只不过是一些体形非常巨大的鱼类；也有人认为这些"幽灵潜艇"来自外太空；还有些人则认为这些"幽灵潜艇"来自于海底智慧生物。虽然这个谜团还在困扰着我们，但随着科学的发展，这些神秘的"幽灵潜艇"一定会被揭开面纱。

神奇的海底玻璃

玻璃在我们的生活中无处不在，且种类多样，但是，如果说在深海海底，居然也发现了许多体积巨大的玻璃，成分和我们认识的普通玻璃几乎没有差别，你是否会感到惊讶呢？海底玻璃其实是一种较为透明的液体物质，在熔融时会形成连续网络结构，冷却过程中黏度会不断增大并硬化而不结晶的硅酸盐类非金属材料。海底玻璃已广泛应用于建筑物，用来隔风透光。

为了进一步解开这个海底玻璃之谜，英国曼彻斯特大学的科学家们进行了多方面的分析和研究。这些玻璃块不可能是人工制造以后扔到深海里去的，因为它们的体积巨大，人类是制造不出来的。有些学者认为，这种玻璃的形成，很有可能是海底玄武岩受到高压后，同海水中的某些物质发生了一种未知的作用，便生成了某种胶凝体，从而最终演变为玻璃。如果这是事实的话，这种胶凝作用会极大促进人类的玻璃生产。现在我们制造一块最普通的玻璃，需要1400—1500℃的高温，而熔化炉所用的耐火材料

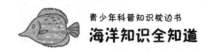
受到高温玻璃溶液的剧烈侵蚀后，还产生有害气体，时刻影响工人的健康。假如能用高压代替高温，这种情况便会得到很大改变。

出于这个设想，有些化学家便把发现海底玻璃地区的深海底的花岗岩放在实验室的海水匣里，加压至 400 个大气压力，结果却大失所望，根本没有形成玻璃。那么，奇怪的海底玻璃到底是怎样形成的呢？

另一种设想认为大西洋海底体积巨大的玻璃是月球撞击形成的。月球撞击地球之后产生的高温高压使月球和地球的接触面瞬间在高温高压下熔化，当月球脱离地球之后，强气流便突然降温，使月球的撞击面，即大西洋海底，变形成了大面积的玻璃状结构的岩石。

知识链接 >>>

海底玻璃的成分主要为 SiO_2、Na_2SiO_3、$CaSiO_3$ 等，热膨胀系数低，耐高温、化学稳定性好，透紫外线和红外线，熔制温度高、黏度大。由于海底拥有各种丰富的金属物质，所以海底玻璃里也富含多种金属元素，这使海底玻璃具有很多独特的性质。

奇异的海底铁塔

陆地上的铁塔建筑无处不在，可是有谁知道在海洋深处也会有一座铁塔存在呢？

1964 年 8 月 29 日，"爱尔塔宁"号海洋考察船航行到智利的合恩角以西 7400 多千米处抛锚停泊，按照原定的南极考察计划开始考察作业。考察人员在这一海区将一台深水摄像机下潜到大海4500 米深处，对这里的海底状况进行了水下拍摄。考察人员把水下摄像机安装在一个圆柱形钢制保护壳内，并用电缆线将其系在考察船上。一天的考察结束后，当摄像技术员在暗室中对当天拍摄的胶片进行显影处理时，却在一张胶片上意外发现了一个古怪的东西，它跟其他胶片上拍摄的内容有着极大的差别。该胶片洗成照片后，清晰地显示出了一个顶端呈针状的水下"铁塔"。从"铁塔"的中部还延伸出 4 排芯棒，芯棒与垂直的"铁塔"呈精确的 90°角，每个芯棒的末端都带有一个白色小球，所有这些特征似乎使这个神秘的水下"铁塔"颇像一部塔式电视发射天线。

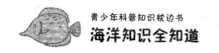

1964 年 12 月 4 日，"爱尔塔宁"号完成了考察使命，随即驶入新西兰的奥克兰港，研究人员还将这张海底神秘"铁塔"照片拿给了一名记者看。这名记者问随船海洋生物学家托马斯·霍普金斯："这是什么东西？"霍普金斯回答说："它当然不是海洋植物喽！"在 4500 米深的海底根本见不到阳光，根本不可能有光合作用，根本不可能有植物存活，那么，人是以何种方式到达如此深的海底？从照片上看，这一海底"铁塔"根本不像是一种自然形成的东西。不久，新西兰 UFO 研究者们把这张照片的复制品寄给从事月球遥控探测器指令研究的美国著名航天工程师 C.霍尼，希望他对此做出解释。霍尼工程师凭借他多年的研究经验认为，这个神秘的水下"铁塔"很可能是测量地球地震活动的传感器和信息转发器。而建造者并不是地球人，而是来自太空的外星人，他们借助安装在最深洋底的这一地震传感器和转发器能更及时、更精确地将地震信息传送给他们的外星同胞。

如果霍尼工程师的这一推断是正确的，那便会出现这样一种与事实不符的骗局：当世界各国政府收到外星人的海底传感器传来的地震信息时，往往会否认其中有外星人参与的事实。那么，究竟是谁借助什么样的技术手段将这个水下"天线"安装在这人迹罕至的深海洋底的呢？这件事情仍是迷雾重重，更增加了其神秘感。

知识链接 >>>

虽然人们现在还没弄懂海底铁塔是怎么回事，但新型的水下建筑却出现了。日本琵琶湖水温终年不变，有关部门便在湖底修建了一个大米仓库。米存在库内 3 年仍不会霉变，米质完好无损。红海苏丹港外有一个水下村庄。该村庄建在水下 14 米处，建筑物顶部呈锥形，以便分散海水压力；房间布局呈放射状。空气、淡水分别用特殊的管道来输送，人员也通过专用通道往来。

埃及亚历山大水下古城

　　我们的生活的陆地上至今任存留着一些古城古迹，铭刻着那一段段历史故事，可在现实生活中，却有水下古城出现在世人眼中，这就是埃及亚历山大水下古城。在远离埃及北部港口城市亚历山大的海岸，出现了一座位于海底的神秘的亚历山大古城，它被认为是埃及艳后克利奥·帕特拉的皇家住宅废墟遗址，人们猜测是 1500 年前一场巨大的

地震导致这座古城沉没于海水之中。这里除了史前古器物、雕像，还有一些埃及艳后时期的宫殿，据称，亚历山大市政府还曾计划提供水下古城奇迹观光旅游。

　　据国外媒体 2007 年 7 月 25 报道，亚历山大城曾是古埃及强盛时的代表。在希腊—罗马时代时，亚历山大城是埃及的首都和希腊文化的中心；在法老时期，亚历山大城已经以文化象征闻名于世了，在那里法老建造了传奇性的、世界七大奇迹之一的灯塔；同时亚历山大城也是埃及女王克利奥佩特拉和安东尼相爱的一个场景。

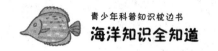

然而，两千多年来，地震、洪水、战争都对这些文化遗址进行着侵蚀，使古城受到了重创，史书上记载的给船只导航的巨型灯塔早已沉入了海底，如今人们也只能在伦敦和纽约看到几块残存的石料。不过，历史久远的魅力还是吸引了对古埃及历史有着浓厚兴趣考古学家们不断去探究埋藏在地下的秘密。目前科学家已经发现了这所古城隐藏在水下的遗址要比亚历山大大帝的到来还要早700年。此发现在希腊著名史诗作者霍默的古希腊史诗《奥德赛》中就有所暗示，将有望揭开这一神奇的古老世界。

自古至今都认为，亚历山大城是亚历山大大帝公元前332年在地中海海岸的一个名为罗哈克提斯的小渔村上建立起来的。可是通过对打捞出来的7样棒形样本进行研究，表明这一度繁荣昌盛的古城的历史可以追溯到公元前1000年。美国史密森的国家自然博物馆的海岸学家吉恩·丹尼尔·斯坦利及其同事使用振动空管，从水下6.5米处的2—5.5米长的沉积物中，轻轻地吸取了近1米宽的棒状物。他们收集到的这些水下样本被证明比人们所想象的还要久远，挑战着此前的认知。斯坦利表示，亚历山大城现在居住着400万人，这个不幸的地方得处理成千上万的垃圾，包括人们的生活垃圾和市政垃圾，全都要投放到这个港口里。从水下沉积物中发现的污物来看，这座神秘建筑的建造使用了陶瓷和铅，建筑石头是从别的地方进口到埃及的。这些迹象表明在亚历山大大帝到来之前，这里就已经是一个很好的殖民地了。

埃及亚历山大古城遗址蕴藏着大量的人类历史信息，它的发现开拓了人类的思路。它铭刻着不为人知的历史故事，正在逐步引起人类探索的兴趣，它也对研究人类发展进程有着跨时代的意义。

知识链接 >>>

业余考古学家弗兰克·戈迪奥执着的水下考察，使亚历山大水下古城的无数珍宝重见天日。如古埃及主掌生育和繁殖的女神——伊西斯的雕像，有关她的雕像，传世的很少，所以这座手持宝瓶的雕像显得尤为珍贵；两座狮身人面像，其中一座是埃及艳后克利奥佩特拉的父亲——托勒密十二世；一个巨大的黑花岗岩头像，据推断是古罗马皇帝奥古斯都；一座比真人还高的白色大理石全身像，是神化了的托勒密皇帝。此外，还发现了一些陶器和当地的仿品、青铜器皿等，这些遗迹和文物清晰地反映了亚历山大古城都经历了怎样的沧桑巨变。

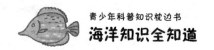
古巴哈瓦那巨石废墟

随着科学技术的不断进步，人类发现海洋中潜藏着巨大的人类文明信息，古巴哈瓦那巨石废墟就是其中之一。1958年，美国动物学家范伦坦博士就来到大西洋巴哈马群岛进行观测研究。范伦坦很善于深海潜，在水下考察时，他意外地在巴哈马群岛附近的海底发现了一些十分奇特的建筑。这

些建筑呈古怪的几何状——正多边形、圆形、三角形、长方形，还有连绵好几海里的笔直的线条。10年之后，范伦坦博士宣布了新的惊人发现：在巴哈马群岛所属的北彼密尼岛附近的海底，发现了长达450米的巨大丁字形结构石墙，砌成这巨大石墙的石块每个都超过了一立方米。石墙还有两个分支，与主墙呈直角。范伦坦博士对此兴奋不已，他继续探测，并很快发现了更加复杂的建筑结构——平台、道路还有几个码头和一道栈桥。整个建筑遗址就像是一座年代久远的被淹没的港口。

"飞马"鱼雷的发明者，法国工程师兼潜水家海比考夫也来到现场，他

是水下摄影的高手，他用当时最新的技术勘察了这一片海域，并拍下了几张照片。这些照片一经发表，立刻在世界上引起了很大轰动。1974年，一艘苏联考察船也来过这里，并进行了水下摄影和考察，更加证实了这些水下建筑遗址的存在。很快，巴哈马群岛一带就吸引了世界各地的科学家、潜水家、新闻记者和探险者，而围绕着这些水下石墙的争论也越来越多。有些地质学家指出，这些石墙不过是比较特别的天然结构，并不是人类建造；但更多的学者认为是人造的。对于这些建筑究竟是谁造的，科学家们的看法也很不一致。有人认为，巴哈马与玛雅人的故乡尤卡坦半岛距离不远，因此这可能是史前玛雅人的古建筑，由于地壳变动而沉入水下。有人则从巴哈马海域陆地下沉的时间上推算，认为这些水下建筑应该建成于公元前七八千年间，并推算出这建筑出自南美古城蒂瓦纳科的建造者之手，但蒂瓦纳科的建造者是谁本身就是个谜。

这些外形酷似纪念碑的结构与天然形成的结构有明显的不同之处：石头平台是多层的、呈直角的石块组成了墙壁样的结构，石环环绕着六角形柱子，这些建筑都带有人工雕琢的味道。另外的一些线索更加扑朔迷离：在石结构周围有一条环绕着的道路；石头上面有或许用来插入支撑木结构的柱子而留下的孔，而且附近的海底和海边发现有构造类似的石头城堡。这些建筑似乎都在述说着这里曾经有过古代的城堡，并且还有举行重大仪式时而修建的石头平台。

古巴哈瓦那的巨石废墟是自然形成还是人为建造，至今争议不断，但并没有阻止人类对它的不断探索，它的建筑风格鲜明，闪烁着神秘的魅力！

知识链接 >>>

哈瓦那是古巴首都，是全国经济、文化中心，也是西印度群岛

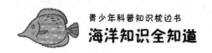

中最大的城市和著名良港。哈瓦那位于古巴岛西北哈瓦那湾阿尔门达雷斯河畔，扼守着墨西哥湾通往大西洋的大门，具有重要的战略地位，曾为西班牙在美洲的主要堡垒和西半球最大港口，现是西印度群岛最大的城市。